Web 前端技术丛书

Vue.js 3.x
高效前端开发

◆———————— 视频教学版

李小威 编著

清华大学出版社

北京

内 容 简 介

本书通过对 Vue.js 示例和综合案例的介绍与演练，使读者快速掌握 Vue.js 3.x 框架的用法，提高 Web 前端的实战开发能力。本书配套示例源码、PPT 课件、教学教案、同步教学视频、习题及答案、其他资源与答疑服务。

本书共分 17 章，内容包括 Vue.js 3.x 基本概念、创建 Vue.js 实例、Vue.js 的插值语法、精通指令、计算属性、v-bind 及 class 与 style 绑定、表单与 v-model 双向绑定、精通监听器、事件处理、过渡和动画效果、组件和组合 API、虚拟 DOM 和 render()函数、精通 Vue CLI 和 Vite、使用 Vue Router 开发单页面应用、使用 axios 与服务器通信、使用 Vuex 管理组件状态以及网上商城项目案例。

本书内容丰富、注重实践，对 Vue.js 框架的初学者而言，是一本简明易懂的入门书和工具书；对从事 Web 前端开发的读者来说，也是一本难得的参考手册。本书也适合作为高等院校和培训机构计算机相关专业的教材。

图书在版编目（CIP）数据

Vue.js 3.x 高效前端开发：视频教学版 / 李小威编著. — 北京：清华大学出版社，2022.3（2022.9重印）
（Web 前端技术丛书）
ISBN 978-7-302-60129-6

Ⅰ. ①V… Ⅱ. ①李… Ⅲ. ①网页制作工具－程序设计 Ⅳ. ①TP393.092.2

中国版本图书馆 CIP 数据核字（2022）第 021056 号

责任编辑： 夏毓彦
封面设计： 王　翔
责任校对： 闫秀华
责任印制： 刘海龙

出版发行： 清华大学出版社
　　　　　　网　　址：http://www.tup.com.cn，http://www.wqbook.com
　　　　　　地　　址：北京清华大学学研大厦 A 座　　　　　邮　　编：100084
　　　　　　社 总 机：010–83470000　　　　　　　　　　邮　　购：010-62786544
　　　　　　投稿与读者服务：010-62776969，c-service@tup.tsinghua.edu.cn
　　　　　　质 量 反 馈：010-62772015，zhiliang@tup.tsinghua.edu.cn

印 装 者： 北京同文印刷有限责任公司
经　　销： 全国新华书店
开　　本： 190mm×260mm　　　　**印　张：** 18.25　　　　**字　　数：** 492 千字
版　　次： 2022 年 3 月第 1 版　　　　　　　　　　　　**印　　次：** 2022 年 9 月第 2 次印刷
定　　价： 69.00 元

产品编号：095350-01

前　言

Vue.js 是一套构建用户界面的渐进式框架，采用自底向上增量开发的设计。Vue.js 的核心库只关注视图层，并且非常容易学习，与其他库或已有项目整合也非常方便，所以 Vue.js 能够在很大程度上降低 Web 前端开发的难度，因此深受广大 Web 前端开发人员的喜爱。

本书内容

本书共分 17 章，内容包括认识 Vue.js 3.x、创建 Vue.js 实例、Vue.js 模板语法、精通指令、计算属性、v-bind 及 class 与 style 绑定、表单与 v-model 双向绑定、精通监听器、事件处理、过渡和动画效果、组件和组合 API、虚拟 DOM 和 render()函数、精通 Vue CLI 和 Vite、使用 Vue Router 开发单页面应用、使用 axios 与服务器通信、使用 Vuex 管理组件状态。最后讲解一个网上商城项目开发的例子，帮助读者进一步巩固和积累 Vue.js 项目开发经验。

本书特色

知识全面：知识由浅入深，涵盖了所有 Vue.js 3.x 的知识点，便于读者循序渐进地掌握网站前端开发技术。

图文并茂：注重操作，图文并茂，在介绍示例的过程中，每一个操作均有对应的插图。这种图文结合的方式使读者在学习过程中能够直观、清晰地看到操作的过程以及效果，便于快速理解和掌握。

易学易用：颠覆传统"看"书的观念，本书是一种能"操作"的图书。

案例丰富：把知识点融汇于系统的示例实训当中，并且结合综合案例进行拓展，让读者达到"知其然，并知其所以然"的效果。

贴心周到：本书对读者在学习过程中可能会遇到的疑难问题，以"提示"的形式进行说明，以免读者在学习的过程中少走弯路。

代码支持：本书提供示例和综合案例的源代码，可让读者在实战应用中掌握网站前端开发的每一项技能，使本书真正体现"自学无忧"，成为一本物超所值的好书。

超值资源：本书配套示例源码、PPT 课件、同步教学视频、教学教案、上机习题及答案、Vue.js 3.x 常见错误及解决方法、就业面试题及解答、Vue.js 3.x 开发经验及技巧汇总等丰富的学习和教学资源，以方便初学者自学和高校老师教学活动。

超值配套资源下载与答疑服务

本书配套源码、PPT 课件、教学视频、教学教案、上机习题及答案、Vue.js 3.x 常见错误及解决方法、30 个企业级实战项目源码、就业面试题及解答、Vue.js 3.x 开发经验及技巧汇总等丰富的学习和教学资源，需要使用微信扫描下面二维码下载，可按扫描后的页面提示，把链接转发到自己的邮箱中下载。如果有疑问，请联系 booksaga@163.com，邮件主题写"Vue.js 3.x 高效前端开发"。

读者对象

本书是一本完整介绍 Vue.js 前端技术开发的教程，内容丰富，条理清晰，实用性强，适合如下读者学习使用：

- 没有任何 Vue.js Web 前端开发基础的初学者
- 希望快速、全面掌握 Vue.js 框架的前端开发人员
- 高等院校及培训学校的老师和学生

鸣　谢

本书由李小威创作，参加编写的还有王英英、张工厂、刘增杰、胡同夫、刘玉萍、刘玉红。虽然本书倾注了编者的努力，但由于水平有限、时间仓促，书中难免有错漏之处，欢迎批评指正。如果遇到问题或有好的建议，敬请与我们联系，我们将全力提供帮助。

编　者
2022 年 1 月

目　　录

第1章

认识 Vue.js 3.x

随着网站功能越来越复杂，成千上万行的 HTML、CSS 和 JavaScript 代码让网站变得越来越臃肿，Vue.js 框架（本书也称 Vue.js 为 Vue）的出现正是为了解决这个问题。Vue.js 是一套用于构建用户界面的渐进式框架。Vue.js 的核心库只关注视图层，不仅易于上手，而且还便于与第三方库或既有项目整合。本章将重点学习 Web 前端技术的发展历程、Vue.js 的基本知识与 MV*模式。

1.1 Web 前端技术的发展历程

Vue.js 是基于 JavaScript 的一套 MVVC 前端框架，在介绍 Vue.js 之前，先来了解一下 Web 前端技术的发展过程。

1.1.1 从静态向动态转变

网页的基础是 HTML 语言。1991 年出现了世界上第一个网页，就是使用的 HTML 源码，当时代码标签多，且格式没有规范。当浏览器接收到一个 HTML 后，如果要更新页面的内容，就只能重新向服务器请求获取一份新的 HTML 文件，即刷新页面。在那个 2G 流量的年代，这种体验是很容易让人崩溃的，而且还浪费流量。

1995 年，网页进入 JavaScript 阶段，在浏览器中引入了 JavaScript。JavaScript 是一种脚本语言，浏览器中带有 JavaScript 引擎，用于解析并执行 JavaScript 代码，然后就可以在客户端操作 HTML 页面中的 DOM，这样就解决了不刷新页面的问题，动态地改变用户 HTML 页面的内容。再后来，大家发现编写原生的 JavaScript 代码太烦琐了，还需要记住各种晦涩难懂的 API，最重要的是还需要考虑各种浏览器的兼容性，于是就出现了 jQuery，其很快地占领了 JavaScript 的世界，几乎成为 Web 前端开发标配。

1.1.2 从后端走向前端

在 Web 刚起步阶段，浏览器请求某个 URL 时，Web 服务器就把对应的 HTML 文件返回给浏览器，浏览器做解析后展示给用户。随着时间推移，为了能给不同用户展示不同的页面信息，就慢慢发展出来基于服务器的、可动态生成 HTML 的语言，例如 ASP、PHP、JSP 等。

最开始制约 Web 开发从后端到前端的因素很简单，就是前端很多事情出现了干不好或者干不了的情况，再加上的当时的浏览器性能比较弱，标准化程度较低。

在 2008 年出现的谷歌 V8 引擎改变了这个局面。现代浏览器的崛起终结了浏览器的性能问题，前端的计算能力一下子变得过剩了。标准组织也非常配合地在 2009 年发布了第五代 JavaScript，前端的技术得到了整体性的提高，前端领域如同改革开放一样走进了一个令人目不暇接的新时代。

2009 年 AngularJS 诞生，随后被谷歌收购。2010 年 backbone.js 诞生。2011 年 React 和 Ember 诞生。2014 年 Vue.js 诞生。随着前端技术的不断发展，前后端分离可谓是大势所趋。

后端只负责数据，前端负责其余工作，这种分工模式使得开发更加清晰也更加高效。随着基础设置的不断完善以及代码封装层级的不断提高，使得前端一个人能够完成的事越来越多，这是技术积累的必然结果。

2015 年 6 月，ECMAScript 6 发布，其正式名称是 ECMAScript 2015。该版本增加了很多新的语法，从而拓展了 JavaScript 的开发潜力。Vue.js 项目开发中经常会用到 ECMAScript 6 语法。

1.1.3 从前端走向全端

2009 年 Ryan Dahl 发布了 Node。Node 是一个基于 V8 引擎的服务端 JavaScript 运行环境，类似于一个虚拟机，也就是说 JavaScript 在服务端语言中有了一席之地。如果说 Ajax 是前端的第一次飞跃，那么 Node 可算作前端的第二次飞跃。它意味着 JavaScript 走出了浏览器的约束，迈出了全端化的第一步。

2007 年第一代 iPhone 发布，2008 年第一台安卓手机发布。使得互联网逐步进入了移动时代。移动端的发展进程和 PC 的历史如出一辙，一开始都是 Native App 的天下。但浏览器想要替代操作系统是比较困难的。相比原生应用，Web App 有很多的好处。例如：无须开发两套系统版本、无须安装、无须手动升级、无须审核。其中最大的好处以及驱动软件形态转向的主要原因在于降低成本，App 的成本比较高，而开发 Web App 的成本相对较低。当然制约 Web App 的因素有很多，但是可以看到 Web App 一直在不断修复缺陷、突破局限。

1.2 Vue.js 概述

Vue.js 是建立于 Angular 和 React 的基础之上，它保留了 Angular 和 React 的优点，并添加了自己独特的成分，正在持续地一步步地被大家认可并付诸开发实践。

1.2.1 Vue.js 是什么

Vue.js 是一套构建前端的 MVVM 框架，它集合了众多优秀主流框架设计思想，轻量、数据驱动（默认单向数据绑定，但也提供支持双向数据绑定）、学习成本低，且可与 webpack/gulp 构建工具结合实现 Web 组件化开发、构建部署等。

Vue.js 本身就拥有一套较为成熟的生态系统：Vue+vue-router+vuex+webpack+sass/less，不仅满足小的前端项目开发，也能完全胜任大型的前端应用开发，包括单页面应用和多页面应用等。Vue.js 可实现前端页面和后端业务分离、快速开发、单元测试、构建优化和部署等。

说到前端框架，当下比较流行的有 Vue.js、React.js 和 Angular.js。Vue.js 以其容易上手的 API、不俗的性能、渐进式的特性和活跃的社区，从其中脱颖而出。截至目前，Vue.js 在 GitHub 上的 star 数已经超过了其他两个框架，成为最热门的框架。

Vue.js 的核心库只关注视图层，不仅易于上手，还便于与第三方库或既有项目整合。另外，当与现代化的工具链以及各种支持类库结合使用时，Vue.js 也完全能够为复杂的单页应用提供驱动。

Vue.js 的目标就是通过尽可能简单的 API 实现响应、数据绑定和组合的视图组件，核心是一个响应的数据绑定系统。Vue.js 被定义成一个用来开发 Web 界面的前端框架，是个非常轻量级的工具。使用 Vue.js 可以让 Web 开发变得简单，同时也颠覆了传统的前端开发模式。

Vue.js 是渐进式的 JavaScript 框架，如果已经有一个现成的服务端应用，可以将 Vue.js 作为该应用的一部分嵌入其中，带来更加丰富的交互体验，或者如果希望将更多的业务逻辑放到前端来实现，那么 Vue.js 的核心库及其生态系统，也可以满足用户的各式需求。

和其他前端框架一样，Vue.js 允许将一个网页分割成可复用的组件，每个组件都包含属于自己的 HTML、CSS 和 JavaScript，如图 1-1 所示，以用来渲染网页中相应的地方。

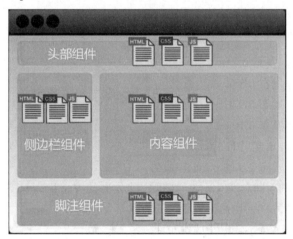

图 1-1 组件化

这种把网页分割成可复用组件的方式，就是框架"组件化"的思想。Vue.js 组件化的理念和 React 异曲同工——一切皆组件。Vue.js 可以将任意封装好的代码注册成组件，例如：Vue.component('example',Example)，可以在模板中以标签的形式调用。

Example 是一个对象，组件的参数配置，经常使用到的是 template，它是组件将会渲染的 HTML 内容。

例如，example 组件，调用方式如下：

```
<body>
<hi>我是主页</hi>
```

```
<!-- 在模板中调用 example 组件 -->s
<example></example>
<p>欢迎访问我们的网站</p>
</body>
```

如果组件设计合理，在很大程度上可以减少重复开发，而且配合 Vue.js 的单文件组件（vue-loader），可以将一个组件的 CSS、HTML 和 JavaScript 都写在一个文件里，做到模块化的开发。除此之外，Vue.js 也可以与 vue-router 和 vue-resource 插件配合起来，以支持路由和异步请求，这样就满足了开发 SPA 的基本条件。

在 Vue.js 中，单文件组件是指一个后缀为.vue 的文件，它可以由各种各样的组件组成，大至一个页面组件，小至一个按钮组件。在后面章节中将详细介绍单文件组件的实现。

SPA 即单页面应用程序，是指只有一个 Web 页面的应用。单页面应用程序是加载单个 HTML 页面并在用户与应用程序交互时，动态更新该页面的 Web 应用程序。浏览器一开始会加载必需的 HTML、CSS 和 JavaScript，所有的操作都在这个页面上完成，由 JavaScript 来控制交互和页面的局部刷新。

1.2.2 Vue.js 发展历程

Vue.js 是一种渐进式的 JavaScript 框架，通过降低框架作为工具的复杂度，从而降低对使用者的要求并提高开发效率。从脚手架、构建、组件化、插件化，到编辑器工具、浏览器插件等，Vue.js 提供的工具基本涵盖了从开发到测试等多个环节。

Vue.js 的发展过程如下：

2013 年 12 月 24 日，发布 0.7.0。
2014 年 1 月 27 日，发布 0.8.0。
2014 年 2 月 25 日，发布 0.9.0。
2014 年 3 月 24 日，发布 0.10.0。
2015 年 10 月 27 日，正式发布 1.0.0。
2016 年 4 月 27 日，发布 2.0 的 preview 版本。
2017 年第一个发布的 Vue.js 为 v2.1.9，最后一个发布的 Vue.js 为 v2.5.13。
2019 年发布 Vue.js 2.6.10，也是比较稳定的版本。
2020 年 09 月 18 日，Vue.js 3.0 正式发布。

1.3 MV*模式

MVC 是 Web 开发中应用非常广泛的一种架构模式，之后又演变成 MVVM 模式。

1.3.1 MVC 模式

随着 JavaScript 发展，渐渐显现出各种不和谐：组织代码混乱、业务与操作 DOM 杂合，所以引入了 MVC 模式。

MVC 模式中，M 指模型（Model），是后端传递的数据；V 指视图（View），是用户所看到的页面；C 指控制器（Controller），是页面业务逻辑。MVC 模式示意图如图 1-2 所示。

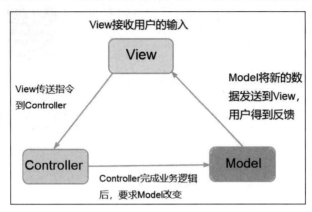

图 1-2　MVC 模式示意图

使用 MVC 模式的目的是将 Model 和 View 的代码分离，实现 Web 系统的职能分工。MVC 模式是单向通信，也就是 View 和 Model，需要通过 Controller 来承上启下。

1.3.2　MVVM 模式

随着网站前端开发技术的发展，又出现了 MVVM 模式。不少前段框架采用了 MVVM 模式，例如，当前比较流行的 Angualr 和 Vue.js。

MVVM 是 Model-View-ViewModel 的简写。其中 MV 和 MVC 模式中的一样，VM 指 ViewModel，是视图模型。

MVVM 模式示意图如图 1-3 所示。

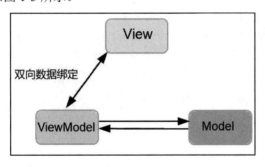

图 1-3　MVVM 模式示意图

ViewModel 是 MVVM 模式的核心，是连接 View 和 Model 的桥梁。它有两个方向：

● 将模型（Model）转化成视图（View），即将后端传递的数据转化成用户所看到的页面。
● 将视图（View）转化成模型（Model），即将所看到的页面转化成后端的数据。

这两个方向都实现的模式，就是 Vue.js 中数据的双向绑定。

第 2 章

创建 Vue.js 实例

在开发网站前端页面之前,首先需要搭建开发和调试环境,主要包括安装调试工具 vue-devtools、在项目中引入 Vue.js、安装开发工具 HBuilder,最后通过一个 Vue.js 程序,检验开发和调试环境是否搭建成功。

2.1 安装 vue-devtools

在使用 Vue.js 前端框架之前,推荐在浏览器上安装 vue-devtools。vue-devtools 是一款调试 Vue.js 应用的开发者浏览器扩展,可以在浏览器开发者工具下调试代码。

不同的浏览器有不同的安装方法,下面以谷歌浏览器为例来说明,具体安装步骤如下:

步骤 01 打开谷歌浏览器,单击"自定义和控制"按钮,在打开的下拉菜单中选择"更多工具"菜单项,然后在弹出的子菜单中选择"扩展程序"菜单项,如图 2-1 所示。

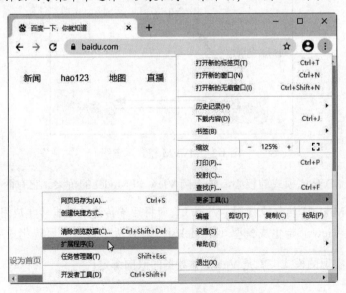

图 2-1 选择"扩展程序"菜单项

步骤02 在"扩展程序"界面打开"Chrome 网上应用店"链接，如图 2-2 所示。

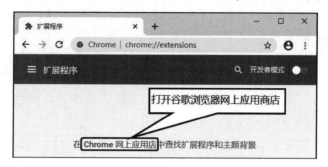

图 2-2　"扩展程序"界面

步骤03 在"Chrome 网上应用店"搜索"vue-devtools"，如图 2-3 所示。

图 2-3　Chrome 网上应用店

步骤04 添加搜索到的扩展程序 Vue.js devtools，如图 2-4 所示。

图 2-4　添加扩展程序

步骤 05 在弹出的窗口中选择"添加扩展程序"，如图 2-5 所示。

步骤 06 添加完成后，回到扩展程序界面，可以发现已经显示了 Vue.js devtools 6.0.0 beta 10 调试程序，如图 2-6 所示。

图 2-5　弹出的窗口　　　　　　　　　　　　　　图 2-6　扩展程序界面

步骤 07 单击"详细信息"按钮，在展开的页面中选择"运行访问文件网站"选项，如图 2-7 所示。

图 2-7　详细信息页面

2.2　在项目中引入 Vue.js

项目中引入 Vue.js 有 4 种方式：

（1）使用 CDN。

（2）使用 NPM。

（3）使用命令行工具（Vue CLI）。

（4）使用 Vite。

2.2.1　使用 CDN

CDN 的全称是 Content Delivery Network，即内容分发网络。CDN 是构建在现有网络基础之上的智能虚拟网络，依靠部署在各地的边缘服务器，通过中心平台的负载均衡、内容分发、调度等功能模块，使用户就近获取所需内容，降低网络拥塞，提高用户访问响应速度和命中率。CDN 的关键技术主要有内容存储和分发技术。

使用 CDN 方式来安装 Vue 框架，就是选择一个 Vue.js 链接稳定的 CDN 服务商。选择好 CDN 后，在页面中引入 Vue 的代码如下：

```
<script src="https://unpkg.com/vue@next"></script>
```

2.2.2　使用 NPM

NPM 是一个 Node.js 包管理和分发工具，也是整个 Node.js 社区最流行、支持第三方模块最多的包管理器。在安装 Node.js 环境时，安装包中包含 NPM，如果安装了 Node.js，则不需要再安装 NPM。

用 Vue 构建大型应用时推荐使用 NPM 安装。NPM 能很好地和诸如 webpack 或 Browserify 模块打包器配合使用。

使用 NPM 安装 Vue.js 3.x：

```
# 最新稳定版
$ npm install vue@next
```

由于国内访问国外的服务器非常慢，而 NPM 的官方镜像就是国外的服务器，为了节省安装时间，推荐使用淘宝 NPM 镜像 CNPM，在命令提示符窗口中输入执行下面的命令：

```
npm install -g cnpm --registry=https://registry.npm.taobao.org
```

以后可以直接使用 cnpm 命令安装模块。代码如下：

```
cnpm install 模块名称
```

注意：通常在开发 Vue.js 3.x 的前端项目时，多数情况下会使用 Vue CLI 先搭建脚手架项目，此时会自动安装 Vue 的各个模块，不需要使用 NPM 单独安装 Vue。

2.2.3　使用命令行工具 CLI

Vue 提供了一个官方的脚手架（Vue CLI），使用它可以快速搭建一个应用。搭建的应用只需要几分钟的时间就可以运行起来，并带有热重载、保存时 lint 校验，以及生产环境可用的构建版本。

因为初始化的工程，可以使用 Vue 的单文件组件，它包含了各自的 HTML、JavaScript 以及带作用域的 CSS 或者 SCSS，格式如下：

```
<template>
    HTML
</template>
<script>
    JavaScript
```

```
</script>
<style scoped>
    CSS 或者 SCSS
</style>
```

Vue CLI 工具是假定用户对 Node.js 和相关构建工具有一定程度的了解。如果是新手，建议在熟悉 Vue 本身之后再使用 Vue CLI 工具。本书后面章节，将具体介绍脚手架的安装以及如何快速创建一个项目。

2.2.4 使用 Vite

Vite 是 Vue 的作者尤雨溪开发的 Web 开发构建工具，它是一个基于浏览器原生 ES 模块导入的开发服务器，在开发环境下，利用浏览器去解析 import，在服务器端按需编译返回，完全跳过了打包这个概念，服务器随启随用。本书后面章节，将具体介绍 Vite 的使用方法。

2.3 安装和使用编辑器 HBuilder

前期为了更好理解 Vue 每个组件的含义，可以使用 HBuilder 编辑器来编写 Vue 应用程序的代码。HBuilder 对 Vue.js 支持特别好，而且上手难度低，比较轻快，对新手来说是个非常不错的前端开发编辑器。HBuilder 提供了完整的语法提示和代码输入法、代码块等，大幅提升 HTML、JS、CSS 的开发效率。

访问 HBuilder 的官网 https://www.dcloud.io/hbuilderx.html，单击 "Download" 按钮，如图 2-8 所示。进入版本选择页面，这里选择标准版即可，如图 2-9 所示。

图 2-8 HBuilder 的官网

图 2-9 选择标准版

下载完成后，对其进行解压，然后双击 HBuilderX.exe，即可打开 HBuilder 软件，在主界面中选择"新建"菜单下的"项目"子菜单，如图 2-10 所示。

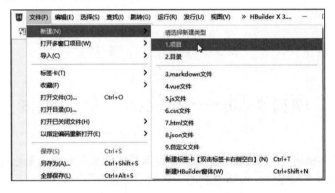

图 2-10 选择"项目"子菜单

打开"新建项目"对话框，输入项目的名称，然后选择项目的模板，单击"确定"按钮，如图 2-11 所示。

图 2-11 "新建项目"对话框

即可成功创建一个 Vue 项目，如图 2-12 所示。

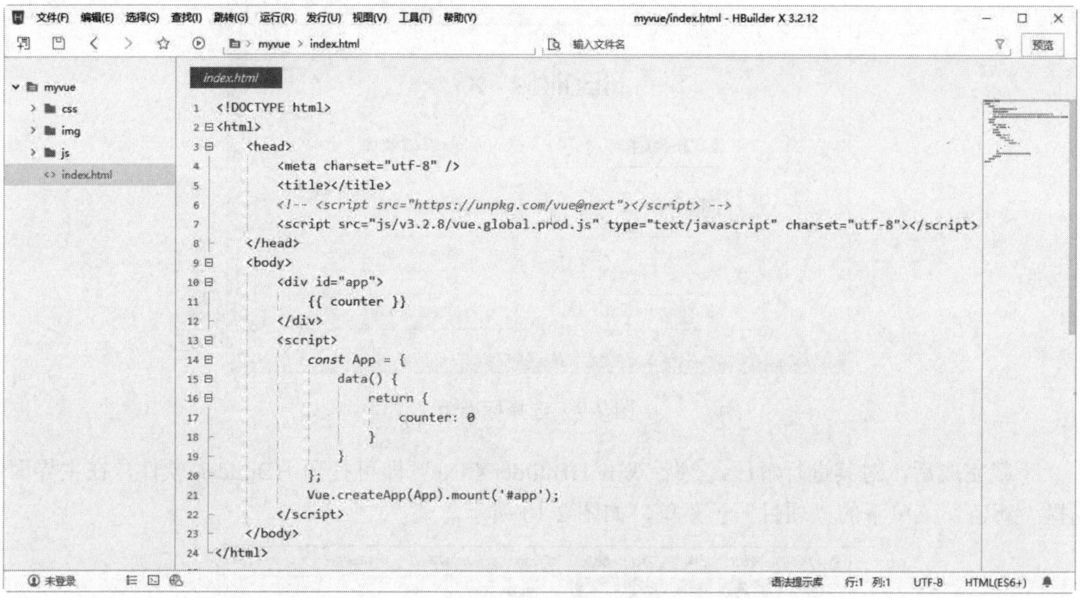

图 2-12　创建一个 Vue 项目

2.4　项目实训——我的第一个 Vue.js 程序

Vue 在创建组件实例时会调用 data()函数，该函数将返回数据对象，最后通过 mount()方法在指定的 DOM 元素上装载应用程序实例的根组件，从而实现数据的双向绑定。下面通过一个简单的图文页面来理解 Vue.js 程序。

【例 2.1】编写简单的图文页面（源代码\ch02\2.1.html）。

这里使用了 v-bind 指令绑定 IMG 的 src 属性，使用{{}}语法（插值语法）显示标题<h2>的内容。

```
<!DOCTYPE html>
<html>
<head>
    <meta charset="UTF-8">
</head>
<body>
<div id="app">
    <div><img v-bind:src="url"></div>
    <h2>{{ explain }}</h2>
</div>
<!--引入 vue 文件-->
<script src="https://unpkg.com/vue@next"></script>
<script>
    //创建一个应用程序实例
```

```
    const vm= Vue.createApp({
      //该函数返回数据对象
      data(){
        return{
          url:'1.jpg',
          explain:'敕勒川，阴山下。天似穹庐，笼盖四野。',
        }
      }
      //在指定的 DOM 元素上装载应用程序实例的根组件
    }).mount('#app');
</script>
</body>
</html>
```

程序运行效果如图 2-13 所示。以上代码就成功创建了第一个 Vue.js 程序，看起来这跟渲染一个字符串模板非常类似，但是 Vue 在背后做了大量工作。可以通过浏览器的 JavaScript 控制台来验证，也可以使用 vue-devtools 调试工具来验证。

图 2-13　简单的图文页面效果

例如，在谷歌浏览器上按 F12 键，打开控制台，并切换到"Console"选项，修改 vm.explain= "天苍苍,野茫茫,风吹草低见牛羊。"，按回车键后，可以发现页面的内容也发生了改变，效果如图 2-14 所示。

图 2-14 控制台上修改后效果

使用 vue-devtools 工具调试，打开谷歌浏览器的控制台，选择"Vue"选项，单击左侧的<Root>，修改图片的 url 为"2.jpg"，单击"保存"按钮，可以发现页面的内容同样也发生了改变，效果如图 2-15 所示。

图 2-15 vue-devtools 调试效果

出现上面这样的效果，是因为 Vue 是响应式的。也就是说当数据变更时，Vue 会自动更新所有网页中用到它的地方。除了程序中使用的字符串类型，Vue 对其他类型的数据也是响应式的。

　　特别说明：在之后的章节中，示例不再提供完整的代码，而是根据上下文，将 HTML 部分与 JavaScript 部分单独展示，省略了<head>、<body>等标签以及 Vue.js 的加载等，读者可根据上例结构来组织代码，或者直接查看本书配套的示例代码。

第3章

Vue.js 模板语法

Vue.js 使用了基于 HTML 的模板语法，允许开发者声明式地将 DOM 绑定至底层 Vue 实例的数据。所有 Vue.js 的模板都是合法的 HTML，所以能被遵循规范的浏览器和 HTML 解析器解析。在底层的实现上，Vue 将模板编译成虚拟 DOM 渲染函数。结合响应系统，Vue 能够智能地计算出最少需要重新渲染多少组件，并把 DOM 操作次数减到最少。本章将讲解 Vue.js 语法中数据绑定的语法和指令的使用。

3.1 创建应用程序实例

在一个使用 Vue.js 框架的页面应用程序中，最终都会创建一个应用程序的实例对象并挂载到指定 DOM 上。这个实例将提供应用程序上下文，应用程序实例装载的整个组件树将共享相同上下文。

在 Vue.js 3.x 中，应用程序的实例创建语法规则如下：

```
Vue.createAPP(App)
```

应用程序的实例充当了 MVVM 模式中的 ViewModel。createAPP()是一个全局 API，它接受一个根组件选项对象作为参数，该对象可以包含数据、方法、组件生命周期钩子等，然后返回应用程序实例本身。Vue.js 3.x 引入 createAPP()是为了解决 Vue.js 2.x 全局配置代理的一些问题。

创建了应用程序的实例后，可以调用实例的 mount()方法，制定一个 DOM 元素，在该 DOM 元素上装载应用程序的根组件，这样这个 DOM 元素中的所有数据变化都会被 Vue 框架所监控，从而实现数据的双向绑定。

```
Vue.createAPP(App).mount('#app')
```

【例 3.1】创建应用程序实例（源代码\ch03\3.1.html）。

```
<div id="app">
    <!--简单的文本插值-->
    <h2>{{ message }}</h2>
</div>
<!--引入 vue 文件-->
```

```
<script src="https://unpkg.com/vue@next"></script>
<script>
    //创建一个应用程序实例
    const vm= Vue.createApp({
        //该函数返回数据对象
        data(){
          return{
                message:'天接云涛连晓雾,星河欲转千帆舞。'
           }
        }
        //在指定的 DOM 元素上装载应用程序实例的根组件
    }).mount('#app');
</script>
```

在组件选项对象中会有一个 data()函数，Vue 在创建组件实例时会调用该函数。data()函数返回一个数据对象，Vue 会将这个对象包装到它的响应式系统中，即转化为一个代理对象，此代理使 Vue 能够在访问或修改属性时，执行依赖项跟踪和改进通知，从而自动渲染 DOM。数据对象的每一个属性都会被视为一个依赖项。

在谷歌浏览器中运行程序 3.1.html，结果如图 3-1 所示。

图 3-1　创建应用程序实例

3.2　插值

应用程序实例创建完成后，就需要通过插值进行数据绑定。

数据绑定最常见的形式就是使用 Mustache 语法（双大括号）的文本插值：

```
<span>Message: {{ message}}</span>
```

Mustache 标签将会被替代为对应数据对象上 message 属性的值。无论何时，绑定的数据对象上 message 属性发生了改变，插值处的内容都会更新。

通过使用 v-once 指令，也能执行一次性地插值，当数据改变时，插值处的内容不会更新。但注意这会影响到该节点上的其他数据绑定：

```
<span v-once>这个将不会改变：{{ message }}</span>
```

在谷歌浏览器中运行程序 3.1.html，按 F12 键打开控制台，并切换到"Elements"选项，可以查看渲染的结果，如图 3-2 所示。

图 3-2　渲染文本

注意： Mustache 语法（双大括号）会将数据解释为普通文本，而非 HTML 代码。为了输出真正的 HTML 代码，以便浏览器能够正常解析，需要使用 v-html 指令。第 4 章会详细讲述 v-html 指令的使用方法。

在模板中，一直都只绑定简单的属性键值。但实际上，对于所有的数据绑定，Vue.js 都提供了完全的 JavaScript 表达式支持。

```
{{ number + 1 }}
{{ ok ? 'YES' : 'NO' }}
{{ message.split('').reverse().join('')}}
<div v-bind:id="'list-' + id"></div>
```

上面这些表达式会在所属 Vue 实例的数据作用域下作为 JavaScript 被解析。限制就是，每个绑定都只能包含单个表达式，所以下面的例子都不会生效。

```
<!-- 这是语句，不是表达式 -->
{{ var a = 1}}
<!-- 流控制也不会生效，请使用三元表达式 -->
{{ if (ok) { return message } }}
```

【例 3.2】使用 JavaScript 表达式（源代码\ch03\3.2.html）。

```
<div id="app">
  <!--使用 JavaScript 表达式-->
  <h2>{{ name.toUpperCase()}}</h2>
  <p>总路程为{{speed*time}}米</p>
 </div>
<!--引入 vue 文件-->
<script src="https://unpkg.com/vue@next"></script>
<script>
   //创建一个应用程序实例
   const vm= Vue.createApp({
      //该函数返回数据对象
      data(){
        return{
          name:'xiaoming',
          speed:50,
          time:30
```

```
            }
        }
        //在指定的 DOM 元素上装载应用程序实例的根组件
    })).mount('#app');
</script>
```

在谷歌浏览器中运行程序，结果如图 3-3 所示。

图 3-3　使用 JavaScript 表达式

3.3　方法选项

在 Vue 中，方法可以在实例的 methods 选项中定义。

3.3.1　使用方法

使用方法有两种方式，一种是使用插值{{}}，另一种是使用事件调用。

1. 使用插值

下面通过一个字符串翻转的示例来看一下，通过使用插值方式来使用方法。

【例 3.3】插值使用方法（源代码\ch03\3.3.html）。

在 input 中通过 v-model 指令双向绑定 message，然后在 methods 选项中定义 reversedMessage 方法，让 message 的内容反转，然后使用插值语法渲染到页面。

```
<div id="app">
    输入内容：<input type="text" v-model="message"><br/>
    反转内容：{{reversedMessage()}}
 </div>
<!--引入 vue 文件-->
<script src="https://unpkg.com/vue@next"></script>
<script>
    //创建一个应用程序实例
    const vm= Vue.createApp({
        //该函数返回数据对象
        data(){
          return{
            message: ''
          }
```

```
          },
       //在选项对象的methods属性中定义方法
       methods: {
          reversedMessage:function () {
             return this.message.split('').reverse().join('')
          }
       }
       //在指定的DOM元素上装载应用程序实例的根组件
    }).mount('#app');
</script>
```

在谷歌浏览器中运行程序，然后在文本框中输入"生命是流淌的江河"，可以看到下面会显示"河江的淌流是命生"反转后的内容，如图3-4所示。

图 3-4　插值使用方法

2. 使用事件调用

下面通过一个"单击按钮自增的数值"示例来看一下事件调用。

【例 3.4】事件调用方法（源代码\ch03\3.4.html）。

首先在 data()函数中定义 num 属性，然后 methods 中定义 add()方法，该方法每次调用 num 自增。在页面中首先使用插值渲染 num 的值，使用 v-on 指令绑定 click 事件，然后在事件中调用 add()方法。

```
<div id="app">
     {{num}}
   <p><button v-on:click="subtract()">自减</button></p>
 </div>
<!--引入vue文件-->
<script src="https://unpkg.com/vue@next"></script>
<script>
    //创建一个应用程序实例
   const vm= Vue.createApp({
      //该函数返回数据对象
      data(){
        return{
          num:100
         }
      },
       //在选项对象的methods属性中定义方法
      methods: {
         subtract:function(){
            this.num-=1
         }
```

```
        }
        //在指定的 DOM 元素上装载应用程序实例的根组件
      })).mount('#app');
</script>
```

在谷歌浏览器中运行程序，多次单击"自减"按钮，可以发现 num 的值每次减少 1，结果如图 3-5 所示。

图 3-5　事件调用方法

3.3.2　传递参数

传递参数和正常的 JavaScript 传递参数的方法一样，分为两个步骤：

步骤01 在 methods 的方法中进行声明，例如给【例 3.4】中的 subtract() 方法加上一个参数 s，声明如下：

```
add:function(s){}
```

步骤02 调用方法时直接传递参数，例如这里传递传输为 10，在 button 上直接写：

```
<button v-on:click="subtract(10)">增加</button>
```

下面我们修改一下【例 3.4】的代码，让它每次单击按钮自减 10。

【例 3.5】传递参数（源代码\ch03\3.5.html）。

```
<div id="app">
     {{num}}
   <p><button v-on:click="subtract(10)">减少</button></p>
 </div>
<!--引入 vue 文件-->
<script src="https://unpkg.com/vue@next"></script>
<script>
    //创建一个应用程序实例
    const vm= Vue.createApp({
        //该函数返回数据对象
        data(){
          return{
            num:100
            }
        },
         //在选项对象的 methods 属性中定义方法
        methods: {
           subtract:function(s){
```

```
            this.num-=s
        }
    }
    //在指定的 DOM 元素上装载应用程序实例的根组件
    }).mount('#app');
</script>
```

在谷歌浏览器中运行程序，单击 1 次"减少"按钮，可以发现 num 值自减 10，结果如图 3-6 所示。

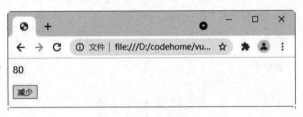

图 3-6　传递参数

3.3.3　方法之间的调用

在 Vue 中，methods 选项中的一个方法可以调用 methods 中的另外一个方法，使用以下语法格式：

```
this.$options.methods.+方法名
```

【例 3.6】方法之间的调用（源代码\ch03\3.6.html）。

```
<div id="app">
    {{content}}
    {{way2()}}
 </div>
<!--引入 vue 文件-->
<script src="https://unpkg.com/vue@next"></script>
<script>
    //创建一个应用程序实例
    const vm= Vue.createApp({
        //该函数返回数据对象
        data(){
          return{
             content:"苹果"
          }
        },
        //在选项对象的 methods 属性中定义方法
        methods: {
          way1:function(){
             alert("今日苹果的秒杀价是 8.68 元每公斤！");
          },
          way2:function(){
             this.$options.methods.way1();
          }
```

```
    }
    //在指定的 DOM 元素上装载应用程序实例的根组件
    })).mount('#app');
</script>
```

在谷歌浏览器中运行程序，结果如图 3-7 所示。

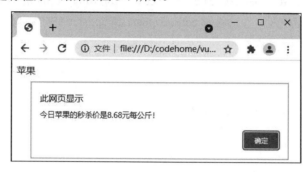

图 3-7　方法之间的调用

3.4　Vue 实例的生命周期

每个 Vue 实例在被创建时，都要经过一系列的初始化过程。例如，需要设置数据监听、编译模板、将实例挂载到 DOM，并在数据变化时更新 DOM 等。同时，在这个过程中也会运行一些生命周期钩子的函数，这给了开发者在不同阶段添加自己的代码的机会。

3.4.1　认识生命周期钩子函数

生命周期钩子函数说明如表 3-1 所示。

表3-1　钩子函数及其说明

钩子函数	说　　明
beforeCreate	在实例初始化之后，数据观测和 watch/event 事件配置之前被调用
created	在实例创建完成后被立即调用。这一步，实例已完成数据观测、属性和方法的运算，watch/event 事件回调。挂载阶段还没开始，$el 属性尚不可用
beforeMount	在挂载开始之前被调用，相关的 render 函数首次被调用
mounted	实例被挂载后调用，这时 el 被新创建的 vm.$el 替换。如果根实例挂载到了一个文档内的元素上，当 mounted 被调用时 vm.$el 也在文档内
beforeUpdate	数据更新时调用。这里适合在更新之前访问现有的 DOM，比如手动移除已添加的事件监听器
updated	由于数据修改导致的虚拟 DOM 重新渲染，在这之后会调用
activated	被 keep-alive 缓存的组件激活时调用
deactivated	被 keep-alive 缓存的组件停用时调用
beforeDestroy	实例销毁之前调用。在这一步，实例仍然完全可用
destroyed	实例销毁后调用。该钩子被调用后，对应 Vue 实例的所有指令都被解绑，所有的事件监听器被移除，所有的子实例也都被销毁

这些生命周期钩子函数与 el 和 data 类似，也是作为选项写入 Vue 实例内，并且钩子的 this 指向的是调用它的 Vue 实例。

【例 3.7】生命周期钩子函数（源代码\ch03\3.7.html）。

首先在页面加载完后触发 beforeCreate、created、beforeMount、mounted，6 秒修改 msg 的内容为"借问谁家子，幽并游侠儿。"，触发 beforeUpdate 和 updated 钩子函数。

```html
<div id="app">
    <p>{{msg}}</p>
</div>
<!--引入 vue 文件-->
<script src="https://unpkg.com/vue@next"></script>
<script>
    //创建一个应用程序实例
    const vm= Vue.createApp({
        //该函数返回数据对象
        data(){
          return{
              msg : "白马饰金羁，连翩西北驰。"
          }
        },
        //在实例初始化之后，数据观测(data observer)和 event/watcher 事件配置之前被调用
        beforeCreate:function(){
            console.log('beforeCreate');
        },
        /* 在实例创建完成后被立即调用。在这一步，实例已完成数据观测 (data observer)，属
性和方法的运算，watch/event 事件回调。然而，挂载阶段还没开始，$el 属性目前不可见。 */
        created:function(){
            console.log('created');
        },
        //在挂载开始之前被调用：相关的渲染函数首次被调用
        beforeMount : function(){
            console.log('beforeMount');
        },
        //el 被新创建的 vm.$el 替换，挂载成功
        mounted:function(){
            console.log('mounted');
        },
        //数据更新时调用
        beforeUpdate : function(){
            console.log('beforeUpdate');
        },
        //组件 DOM 已经更新，组件更新完毕
        updated : function(){
            console.log('updated');
        }
    }).mount('#app');
    setTimeout(function(){
        vm.msg = "借问谁家子，幽并游侠儿。";
```

```
    }, 6000);
</script>
```

在谷歌浏览器中运行程序，按 F12 键打开控制台，并切换到 "Console" 选项，页面渲染完成后，页面效果如图 3-8 所示。

6 秒后调用 setTimeout()，修改 msg 的内容，又触发另外的钩子函数，效果如图 3-9 所示。

图 3-8　初始化页面效果　　　　　　　图 3-9　6 秒后效果

3.4.2　created 和 mouted

在使用 Vue 的过程中，经常需要给一些数据做初始化处理，常用的方法是在 created 与 mounted 钩子函数中处理。

created 是在实例创建完成后立即调用。在这一步，实例已完成以了数据观测、属性和方法的运算，以及 watch/event 事件回调。然而，挂载阶段还没开始，$el 属性目前不可见。所以不能操作 DOM 元素，多用于初始化一些数据或方法。

mounted 是在模板渲染成 HTML 后调用，通常是初始化页面完成后，再对 HTML 的 DOM 节点进行一些需要的操作。

【例 3.8】created 与 mounted 函数的应用（源代码\ch03\3.8.html）。

```html
<div id="app">
    <ul>
        <li id="n1"></li>
        <li id="n2"></li>
        <li id="n3"></li>
        <li id="n4"></li>
    </ul>
 </div>
<!--引入 vue 文件-->
<script src="https://unpkg.com/vue@next"></script>
<script>
    //创建一个应用程序实例
    const vm= Vue.createApp({
```

```
        //该函数返回数据对象
        data(){
          return{
              name:'',
              city:'',
              education: '',
              time: ''
          }
        },
         //在选项对象的 methods 属性中定义方法
        methods: {
            way:function () {
                alert("使用 created 初始化方法")
            }
        },
        created:function(){
            // 初始化方法
            this.way();
            //初始化数据
            this.name="姓名：章小明";
            this.education = "学历：本科";
            this.salary ="薪资：8600 元";
            this.time ="工作年限：3 年 6 个月";
        },
        //对 DOM 的一些初始化操作
        mounted:function(){
            document.getElementById("n1").innerHTML=this.name;
            document.getElementById("n2").innerHTML=this.education;
            document.getElementById("n3").innerHTML=this.salary;
            document.getElementById("n4").innerHTML=this.time;
        }
      //在指定的 DOM 元素上装载应用程序实例的根组件
    }).mount('#app');
</script>
```

在谷歌浏览器中运行程序，效果如图 3-10 所示，单击"确定"按钮，页面加载完成效果如图 3-11 所示。

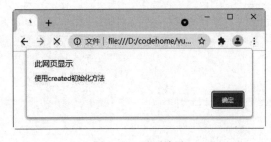

图 3-10　页面效果　　　　　　　　　　　　图 3-11　单击"确定"按钮后效果

3.5　指令

指令（Directives）是带有"v-"前缀的特殊特性。指令特性的值预期是单个 JavaScript 表达式（v-for 是例外情况）。指令的职责是，当表达式的值改变时，将其产生的连带影响，响应式地作用于 DOM。

例如下面代码中，v-if 指令将根据表达式布尔值（boole）的真假来插入或移除<p>元素。

```
<p v-if="boole">现在你可以看到我了</p>
```

1. 参数

一些指令能够接收一个"参数"，在指令名称之后以冒号表示。例如，v-bind 指令可以用于响应式地更新 HTML 特性：

```
<a v-bind:href="url">...</a>
```

在这里 href 是参数，告知 v-bind 指令将该元素的 href 特性与表达式 url 的值绑定。

v-on 指令用于监听 DOM 事件，例如下面代码：

```
<a v-on:click="doSomething">...</a>
```

其中参数 click 是监听的事件名，在后面章节中将会详细介绍 v-on 指令的具体用法。

2. 动态参数

从 Vue 2.6.0 版本开始，可以用方括号括起来的 JavaScript 表达式作为一个指令的参数：

```
<a v-bind:[attributeName]="url"> ... </a>
```

这里的 attributeName 会被作为一个 JavaScript 表达式进行动态求值，求得的值将会作为最终的参数来使用。例如，在 Vue 实例的 data 选项有一个 attributeName 属性，其值为"href"，那么这个绑定等价于 v-bind:href。

同样地，可以使用动态参数为一个动态的事件名绑定处理函数：

```
<a v-on:[eventName]="doSomething"> ... </a>
```

在这段代码中，当 eventName 的值为"click"时，v-on:[eventName]将等价于 v-on:click。

下面看一个示例，其中用 v-bind 绑定动态参数 attr，v-on 绑定事件的动态参数 things。

【例 3.9】动态参数（源代码\ch03\3.9.html）。

```
<div id="app">
    <p><a v-bind:[attr]="url">百度链接</a></p>
    <p><button v-on:[things]="doSomething">单击事件</button></p>
</div>
<!--引入 vue 文件-->
<script src="https://unpkg.com/vue@next"></script>
<script>
    //创建一个应用程序实例
    const vm= Vue.createApp({
```

```
    //该函数返回数据对象
    data(){
      return{
        attr: 'href',
        things: 'click',
        url: 'baidu.com'
      }
    },
    //在选项对象的 methods 属性中定义方法
    methods: {
      doSomething: function() {
        alert('触发了单击事件！')
      }
    }
    //在指定的 DOM 元素上装载应用程序实例的根组件
    }).mount('#app');
</script>
```

在谷歌浏览器中运行程序，在页面中单击"单击事件"按钮，弹出"触发了单击事件！"，结果如图 3-12 所示。

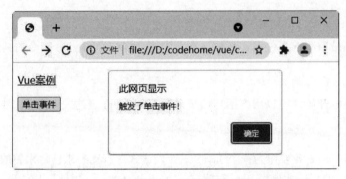

图 3-12 动态参数

对动态参数的值的约束：动态参数预期会求出一个字符串，异常情况下值为 null。这个特殊的 null 值可以被显性地用于移除绑定。任何其他非字符串类型的值都将会触发一个警告。

动态参数表达式有一些语法约束，因为某些字符，如空格和引号，放在 HTML 属性名里是无效的。例如：

```
<!--这会触发一个编译警告-->
<a v-bind:['foo' + bar]="value">...</a>
```

所以不要使用带空格或引号的表达式，或者用计算属性替代这种复杂表达式。

3. 事件修饰符

修饰符（modifier）是以半角句号"."指明的特殊后缀，用于指出 v-on 应该以特殊方式绑定。例如.prevent 修饰符告诉 v-on 指令对于触发的事件调用 event.preventDefault()：

```
<form v-on:submit.prevent="onSubmit">...</form>
```

第4章

精通指令

指令是 Vue 模板中最常用的一项功能，它带有前缀 v-，主要职责是当其表达式的值改变时，相应地将某些行为应用在 DOM 上。本章除了介绍 Vue 的内置指令以外，还介绍自定义指令的注册与使用。

4.1 常见内置指令

内置指令顾名思义，是 Vue 内置的一些指令，它针对一些常用的页面功能，提供了以指令来封装的使用形式，以 HTML 属性的方式来使用。

4.1.1 v-show 指令

v-show 指令会根据表达式的真假值，切换元素的 display CSS 属性，来显示或者隐藏元素。当条件变化时，该指令会自动触发过渡效果。

【例 4.1】v-show 指令（源代码\ch04\4.1.html）。

```
<div id="app">
    <h3 v-show="ok">电视机</h3>
    <h3 v-show="no">冰箱</h3>
    <h3 v-show="num">=1000">销量过千台！</h3>
</div>
<!--引入 vue 文件-->
<script src="https://unpkg.com/vue@next"></script>
<script>
    //创建一个应用程序实例
    const vm= Vue.createApp({
        //该函数返回数据对象
```

```
        data(){
          return{
            ok:true,
            no:false,
            num:1000
          }
        }
        //在指定的 DOM 元素上装载应用程序实例的根组件
    })).mount('#app');
</script>
```

在谷歌浏览器中运行程序，按 F12 键打开控制台，并切换到"Elements"选项，展开\<div\>标签，结果如图 4-1 所示。

从上面的示例可以发现，"冰箱"并没有显示，因为 v-show 指令计算"no"的值为 false，所以元素不会显示。

在谷歌浏览器的控制台中可以看到，使用 v-show 指令，元素本身是被渲染到页面的，只是通过 CSS 的 display 属性来控制元素的显示或者隐藏。如果 v-show 指令计算的结果为 false，则设置其样式为"display:none;"。

下面在谷歌浏览器的控制台中，双击代码后修改"冰箱"一栏中 display 为 true，可以发现页面中就显示了冰箱，如图 4-2 所示。

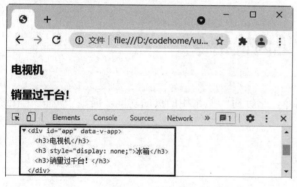

图 4-1　v-show 指令

图 4-2　修改"冰箱"一栏中 display 为 true

4.1.2　v-bind 指令

v-bind 指令主要用于响应更新 HTML 元素的属性，将一个或多个属性或者一个组件的 prop 动态绑定到表达式。

下面示例中，将按钮的 title 和 style 属性通过 v-bind 指令进行绑定，这里对于样式的绑定，需要构建一个对象。其他对于样式的绑定方法，将在后面的学习中详细介绍。

【例 4.2】v-bind 指令（源代码\ch04\4.2.html）。

```
<div id="app">
    <input type="button" value="按钮" v-bind:title="Title" v-bind:style="{col
or:Color,width:Width+'px'}">
    <p><a :href="Address">超链接</a></p>
```

```
</div>
<!--引入 vue 文件-->
<script src="https://unpkg.com/vue@next"></script>
<script>
    //创建一个应用程序实例
    const vm= Vue.createApp({
        //该函数返回数据对象
        data(){
          return{
            Title: '这是我自定义的title属性',
            Color: 'blue',
            Width: '100',
            Address:"https://www.baidu.com/"
            }
          }
        //在指定的 DOM 元素上装载应用程序实例的根组件
    }).mount('#app');
</script>
```

在谷歌浏览器中运行程序，按 F12 键打开控制台，并切换到"Elements"选项，可以看到数据已经渲染到了 DOM 中，结果如图 4-3 所示。

图 4-3　v-bind 指令

4.1.3　v-model

v-model 指令用来在表单<input>、<textarea>及<select>元素上创建双向数据绑定，它会根据控件类型自动选取正确的方法来更新元素。它负责监听用户的输入事件以及更新数据，并对一些极端场景进行特殊处理。

【例 4.3】v-model 指令（源代码\ch04\4.3.html）。

```
<div id="app">
    <!--使用 v-model 指令双向绑定 input 的值和 test 属性的值-->
    <p><input v-model="content" type="text"></p>
    <!--显示 content 的值-->
```

```
    <p>{{content}}</p>
</div>
<!--引入 vue 文件-->
<script src="https://unpkg.com/vue@next"></script>
<script>
    //创建一个应用程序实例
    const vm= Vue.createApp({
        data(){
            return {
                content: "空调"
            }
        }
    }).mount('#app');
</script>
```

在谷歌浏览器中运行程序，在输入框中输入"采购金额为 8866 万元"，将在输入框下面的位置显示"采购金额为 8866 万元"，如图 4-4 所示。

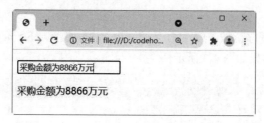

图 4-4　v-model 指令

此时，在谷歌浏览器的控制台中输入：

```
vm.content
```

按 Enter 键，可以看到 content 属性的值也变成了"采购金额为 8866 万元"，如图 4-5 所示。还可以在实例中修改 content 属性的值。例如在谷歌浏览器的控制台中输入下面代码：

```
vm.content="采购金额为 1699 万元";
```

然后按 Enter 键，可发现页面中的内容也发生变化，如图 4-6 所示。

图 4-5　查看 content 属性的值

图 4-6　修改 content 属性的值

从上面这个示例可以了解 Vue 的双向数据绑定，关于 v-model 指令的更多使用方法，后面的章节还会详细讲述。

4.1.4　v-on

v-on 指令用于监听 DOM 事件，当触发时运行一些 JavaScript 代码。v-on 指令的表达式可以是一般的 JavaScript 代码，也可以是一个方法的名字或者方法调用语句。

在使用 v-on 指令对事件进行绑定时，需要在 v-on 指令后面接上事件名称，例如 click、mousedown、mouseup 等事件。

【例 4.4】v-on 指令（源代码\ch04\4.4.html）。

```html
<div id="app">
    <p>
        <!--监听 click 事件，使用 JavaScript 语句-->
        <button v-on:click="number-=10">-10</button>
        <span>{{number}}</span>
        <button v-on:click="number+=10">+10</button>
    </p>
    <p>
        <!--监听 click 事件，绑定方法-->
        <button v-on:click="say()">采购商品</button>
    </p>
</div>
<!--引入 vue 文件-->
<script src="https://unpkg.com/vue@next"></script>
<script>
    //创建一个应用程序实例
    const vm= Vue.createApp({
        //该函数返回数据对象
        data(){
          return{
            number:1000
          }
        },
        methods:{
            say:function(){
                alert("今日采购的商品已经全部准备完毕！")
            }
        }
        //在指定的 DOM 元素上装载应用程序实例的根组件
    }).mount('#app');
</script>
```

在谷歌浏览器中运行程序，单击"+10"按钮或"-10"按钮，即可实现数字的递增和递减；单击"采购商品"按钮，触发 click 事件，调用 say()函数，页面效果如图 4-7 所示。

在 Vue 应用中许多事件处理逻辑会很复杂，所以直接把 JavaScript 代码写在 v-on 指令中是不可行的，此时就可以使用 v-on 接收一个方法，把复杂的逻辑放到这个方法中。

图 4-7　v-on 指令

提示：使用 v-on 指令接收的方法名称也可以传递参数，只需要在 methods 中定义方法时说明这个形参，即可在方法中获取到。

4.1.5　v-text

v-text 指令用来更新元素的文本内容。如果只需要更新部分文本内容，则使用插值来完成。

【例 4.5】v-text 指令（源代码\ch04\4.5.html）。

```
<div id="app">
    <!--更新全部内容-->
    <p v-text="message">采购的商品是:</p>
    <!--更新部分内容-->
    <p>采购的商品是:{{message}}</p>
</div>
<!--引入 vue 文件-->
<script src="https://unpkg.com/vue@next"></script>
<script>
    //创建一个应用程序实例
    const vm= Vue.createApp({
        //该函数返回数据对象
        data(){
          return{
            message: '电视机、洗衣机和空调'
          }
        }
        //在指定的 DOM 元素上装载应用程序实例的根组件
    }).mount('#app');
</script>
```

在谷歌浏览器中运行程序，结果如图 4-8 所示。

图 4-8　v-text 指令

4.1.6　v-html

v-html 指令用于更新元素的 innerHTML。其内容按普通 HTML 插入，不会作为 Vue 模板进行编译。

Mustache 语法（双大括号）会将数据解释为普通文本，而非 HTML 代码。为了输出真正的 HTML，需要使用 v-html 指令。

提示：不能使用 v-html 来复合局部模板，因为 Vue 不是基于字符串的模板引擎。反之，对于用户界面（UI），组件更适合作为可重用和可组合的基本单位。

例如想要输出一个 a 标签，首先需要在 data 属性中定义该标签，然后根据需要定义 href 属性值和标签内容，再使用 v-html 绑定到对应的元素上。

【例 4.6】 输出真正的 HTML（源代码\ch04\4.6.html）。

```
<div id="app">
    <!—简单的文本插值-->
    <h2>{{ website}}</h2>
    <!—输出 HTML 代码-->
    <h2 v-html="website"></h2>
</div>
<!--引入 vue 文件-->
<script src="https://unpkg.com/vue@next"></script>
<script>
    //创建一个应用程序实例
    const vm= Vue.createApp({
        //该函数返回数据对象
        data(){
          return{
            website:'<a href="https://www.baidu.com">百度</a>'
            }
        }
        //在指定的 DOM 元素上装载应用程序实例的根组件
    }).mount('#app');
</script>
```

在谷歌浏览器中运行程序，按 F12 键打开控制台，并切换到 "Elements" 选项，可以发现使用 v-html 指令的 p 标签输出了真正的 a 标签。当单击"百度"按钮后，页面将跳转到对应的页面，效果如图 4-9 所示。

图 4-9　输出真正的 HTML

从结果可知，Mustache 语法不能作用在 HTML 特性上，如果需要控制某个元素的属性，可以使用 v-bind 指令。

注意：在网站上动态渲染任意 HTML 是非常危险的，因为容易导致 XSS 攻击。只在可信内容上使用 v-html，禁止在用户提交的内容上使用 v-html 指令。

4.1.7　v-once

v-once 指令不需要表达式。v-once 指令只渲染元素和组件一次，随后的渲染，使用了此指令的元素、组件及其所有的子节点，都会当作静态内容并跳过，这可以用于优化更新性能。

在下面示例中，当修改 input 输入框的值时，使用了 v-once 指令的 p 元素，不会随之改变，而第二个 p 元素会随着输入框的内容而改变。

【例 4.7】v-once 指令（源代码\ch04\4.7.html）。

```
<div id="app">
    <p v-once>内容不可改变：{{message}}</p>
    <p>内容可以改变：{{message}}</p>
    <p><input type="text" v-model = "message" name=""></p>
</div>
<!--引入 vue 文件-->
<script src="https://unpkg.com/vue@next"></script>
<script>
    //创建一个应用程序实例
    const vm= Vue.createApp({
        //该函数返回数据对象
        data(){
          return{
            message:"洗衣机"
            }
        }
        //在指定的 DOM 元素上装载应用程序实例的根组件
    }).mount('#app');
```

```
</script>
```

在谷歌浏览器中运行程序，然后在输入框中输入"洗衣机的库存为 3000 台"，可以看到，添加 v-once 指令的 p 标签，并没有任何的变化，效果如图 4-10 所示。

图 4-10　v-once 指令

4.1.8　v-pre

v-pre 不需要表达式，用于跳过这个元素和它的子元素的编译过程。可以使用 v-pre 来显示原始 Mustache 标签。

【例 4.8】v-pre 指令（源代码\ch04\4.8.html）。

```
<div id="app">
    <div v-pre>{{message}}</div>
</div>
<!--引入 vue 文件-->
<script src="https://unpkg.com/vue@next"></script>
<script>
    //创建一个应用程序实例
    const vm= Vue.createApp({
        //该函数返回数据对象
        data(){
          return{
            message:"洗衣机的库存为 3000 台。"
            }
        }
        //在指定的 DOM 元素上装载应用程序实例的根组件
    }).mount('#app');
</script>
```

在谷歌浏览器中运行程序，结果如图 4-11 所示。

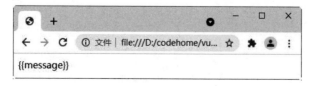

图 4-11　v-pre 指令

4.1.9　v-cloak

v-cloak 指令不需要表达式。这个指令保持在元素上直到关联实例结束编译。和 CSS 规则如 [v-cloak]{display:none}一起用时，这个指令可以隐藏未编译的 Mustache 标签，直到实例准备完毕。

【例 4.9】v-cloak 指令（源代码\ch04\4.9.html）。

```html
<!DOCTYPE html>
<html>
<head>
    <meta charset="UTF-8">
    <title>v-cloak</title>
    <!-- 添加 v-cloak 样式 -->
    <style>
        [v-cloak] {
            display: none;
        }
    </style>
</head>
<body>
<div id="app">
    <p v-cloak>{{message}}</p>
</div>
<!--引入 vue 文件-->
<script src="https://unpkg.com/vue@next"></script>
<script>
    //创建一个应用程序实例
    const vm= Vue.createApp({
        //该函数返回数据对象
        data(){
          return{
            message:"山边幽谷水边村，曾被疏花断客魂。"
          }
        }
        //在指定的 DOM 元素上装载应用程序实例的根组件
    }).mount('#app');
</script>
</body>
</html>
```

在谷歌浏览器中运行程序，效果如图 4-12 所示。

图 4-12　v-cloak 指令

4.2　条件渲染指令

Vue 内置指令除了基本指令之外还有条件指令。和 JavaScript 的条件语句一样，Vue 的条件指令可以根据表达式的值在 DOM 中渲染或者销毁元素/组件。常用的条件指令有：v-if、v-else、v-else-if 和 v-for。

4.2.1　v-if

v-if 指令根据表达式的真假来有条件地渲染元素。

【例 4.10】v-if 指令（源代码\ch04\4.10.html）。

```html
<div id="app">
    <h3 v-if="ok">冰箱</h3>
    <h3 v-if="no">洗衣机</h3>
    <h3 v-if="num>=1000">库存很充足！</h3>
</div>
<!--引入vue文件-->
<script src="https://unpkg.com/vue@next"></script>
<script>
    //创建一个应用程序实例
    const vm= Vue.createApp({
        //该函数返回数据对象
        data(){
          return{
            ok:true,
            no:false,
            num:1000
          }
        }
        //在指定的DOM元素上装载应用程序实例的根组件
    }).mount('#app');
</script>
```

在谷歌浏览器中运行程序，按 F12 键打开控制台，并切换到 "Elements" 选项，结果如图 4-13 所示。

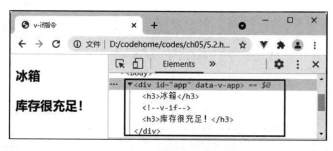

图 4-13　v-if 指令

在上面示例中，使用 v-if="no" 的元素并没有被渲染，使用 v-if="ok" 的元素正常渲染了。也就是说，当表达式的值为 false 时，v-if 指令不会创建该元素；只有当表达式的值为 true 时，v-if 指令才会真正创建该元素。这与 v-show 指令不同，v-show 指令不管表达式的真假，元素本身都会被创建，显示与否是通过 CSS 的样式属性 display 来控制的。

一般来说，v-if 有更高的切换开销，而 v-show 有更高的初始渲染开销。因此，如果需要非常频繁地切换，则使用 v-show 较好；如果在运行时条件很少改变，则使用 v-if 较好。

4.2.2 v-else-if 和 v-else

v-else-if 指令与 v-if 指令一起使用，与 JavaScript 中的 if...else if 类似。

下面示例使用 v-else-if、v-else 和 v-if 指令来模拟销售奖金的发放过程。

【例 4.11】v-else-if、v-else 与 v-if 指令（源代码\ch04\4.11.html）。

```html
<div id="app">
    <span v-if="sales>1000000">本季度的奖金为 5 万元！</span>
    <span v-else-if="sales >300000">本季度的奖金为 3 万元！</span>
    <span v-else-if="sales >100000">本季度的奖金为 1 万元！</span>
    <span v-else> 本季度没有奖金！</span>
</div>
<!--引入 vue 文件-->
<script src="https://unpkg.com/vue@next"></script>
<script>
    //创建一个应用程序实例
    const vm= Vue.createApp({
        //该函数返回数据对象
        data(){
          return{
            sales:280000
          }
        }
        //在指定的 DOM 元素上装载应用程序实例的根组件
    }).mount('#app');
</script>
```

在谷歌浏览器中运行程序，按 F12 键打开控制台，并切换到"Elements"选项，结果如图 4-14 所示。

图 4-14 v-else-if 指令与 v-if 指令

在上面示例中，当满足其中一个条件后，程序就不会再往下执行。使用 v-else-if 和 v-else 指令时，它们要紧跟在 v-if 或者 v-else-if 指令之后。

4.2.3　v-for

使用 v-for 指令可以对数组、对象进行循环，来获取到其中的每一个值。

1. v-for 遍历数组

使用 v-for 指令，必须使用特定语法 alias in expression，其中 items 是源数据数组，而 item 则是被迭代的数组元素的别名，具体格式如下：

```
<div v-for="item in items">
    {{item}}
</div>
```

下面看一个示例，使用 v-for 指令循环渲染一个数组。

【例 4.12】v-for 指令遍历数组（源代码\ch04\4.12.html）。

```
<div id="app">
    <ul>
        <li v-for="item in nameList">
          姓名：{{item.name}}--{{item.score}}分--{{item.ranking}}
        </li>
    </ul>
</div>
<!--引入 vue 文件-->
<script src="https://unpkg.com/vue@next"></script>
<script>
    //创建一个应用程序实例
    const vm= Vue.createApp({
        //该函数返回数据对象
        data(){
          return{
                nameList:[
                    {name:'章小明',score:'368',ranking:'第二名'},
                    {name:'华少峰',score:'398',ranking:'第一名'},
                    {name:'云栖',score:'319',ranking:'第三名'}
                ]
            }
        }
        //在指定的 DOM 元素上装载应用程序实例的根组件
    }).mount('#app');
</script>
```

在谷歌浏览器中运行程序，按 F12 键打开控制台，并切换到"Elements"选项，结果如图 4-15 所示。

图 4-15 v-for 指令遍历数组

提示：v-for 指令的语法结构也可以使用 of 替代 in 作为分隔符，例如：

```
<li v-for="item in nameList">
```

在 v-for 指令中，可以访问所有父作用域的属性。v-for 还支持一个可选的第二个参数，即当前项的索引。例如，修改上面示例，添加 index 参数，代码如下：

```
<ul>
    <li v-for="(item,index) in nameList">
        {{index}}---姓名：{{item.name}}--{{item.score}}分--{{item.ranking}}
    </li>
</ul>
```

在谷歌浏览器中运行程序，结果如图 4-16 所示。

图 4-16 v-for 指令的第二个参数

2. v-for 遍历对象

遍历对象的语法和遍历数组的语法是一样的：

```
value in object
```

其中 object 是被迭代的对象，value 是被迭代的对象属性的别名。

【例 4.13】v-for 指令遍历对象（源代码\ch04\4.13.html）。

```html
<div id="app">
    <ul>
        <li v-for="item in nameObj">
            {{item}}
        </li>
    </ul>
</div>
<!--引入 vue 文件-->
<script src="https://unpkg.com/vue@next"></script>
<script>
    //创建一个应用程序实例
    const vm= Vue.createApp({
        //该函数返回数据对象
        data(){
          return{
            nameObj:{
                name:"苹果",
                city:"烟台",
                price:"8.88 元每公斤"
            }
          }
        }
        //在指定的 DOM 元素上装载应用程序实例的根组件
    }).mount('#app');
</script>
```

在谷歌浏览器中运行程序，结果如图 4-17 所示。

图 4-17　v-for 指令遍历对象

还可以添加第二个参数，用来获取键值；获取选项的索引，可以添加第三个参数。比如，修改上面示例，添加 index 参数和 key 参数，代码如下：

```html
<li v-for="(item,key,index) in nameObj">
    {{index}}--{{key}}--{{item}}
</li>
```

在谷歌浏览器中运行程序，结果如图 4-18 所示。

图 4-18　添加第二、三个参数

3. v-for 遍历整数

也可以使用 v-for 指令遍历整数。

【例 4.14】v-for 指令遍历整数（源代码\ch04\4.14.html）。

```html
<div id="app">
    <span v-for="item in 16">
        {{item}}
    </span>
</div>
<!--引入 vue 文件-->
<script src="https://unpkg.com/vue@next"></script>
<script>
    //创建一个应用程序实例
    const vm= Vue.createApp({
    }).mount('#app');
</script>
```

在谷歌浏览器中运行程序，结果如图 4-19 所示。

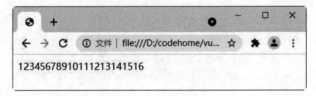

图 4-19　v-for 指令遍历整数

4. 在<template>上使用 v-for

类似于 v-if，也可以利用带有 v-for 的<template>来循环渲染一段包含多个元素的内容。

【例 4.15】在<template>上使用 v-for（源代码\ch04\4.15.html）。

```html
<div id="app">
    <ul>
        <template  v-for="(item,key,index) in nameObj">
            <li>{{index}}--{{key}}--{{item}}</li>
        </template>
    </ul>
</div>
<!--引入 vue 文件-->
```

```
<script src="https://unpkg.com/vue@next"></script>
<script>
    //创建一个应用程序实例
    const vm= Vue.createApp({
        data(){
          return{
            nameObj:{
                name:"葡萄",
                city:"吐鲁番",
                price:"2.88 元每公斤"
             }
           }
         }
      }).mount('#app');
</script>
```

在谷歌浏览器中运行程序，按 F12 键打开控制台，并切换到"Elements"选项，并没有看到 <template>元素，结果如图 4-20 所示。

图 4-20 在<template>上使用 v-for

提示：template 元素一般常和 v-for 和 v-if 一起结合使用，这样会使得整个 HTML 结构没有那么多多余的元素，整个结构会更加清晰。

5. 数组更新检测

Vue 将被监听的数组的变异方法进行了包裹，它们也会触发视图更新。被包裹过的方法包括 push()、pop()、shift()、unshift()、splice()、sort()和 reverse()。

【例 4.16】数组更新检测（源代码\ch04\4.16.html）。

```
<div id="app">
    <ul>
```

```
        <li v-for="(item,index) in nameList">
            {{index}}--{{item}}
        </li>
    </ul>
</div>
<!--引入 vue 文件-->
<script src="https://unpkg.com/vue@next"></script>
<script>
    //创建一个应用程序实例
    const vm= Vue.createApp({
        data(){
          return{
            nameList:["樊建章","博士学位","工资 28000 元"]
          }
        }
    }).mount('#app');
</script>
```

在谷歌浏览器中运行程序，结果如图 4-21 所示。按 F12 键打开控制台，并切换到"Console"选项，在选项中输入"vm.nameList.push("工作年限 3 年")"，按 Enter 键，数据将添加到 nameList 数组中，在页面中也显示出添加的内容，如图 4-22 所示。

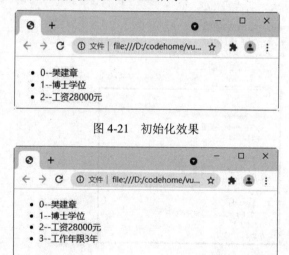

图 4-21　初始化效果

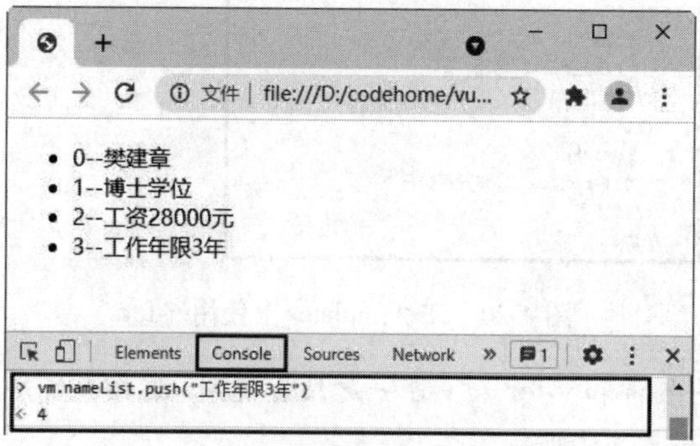

图 4-22　修改数据对象中的数组属性

还有一些非变异方法，例如 filter()、concat()和 slice()。它们不会改变原始数组，而总是返回一个新数组。当使用非变异方法时，可以用新数组替换旧数组。

继续在浏览器控制台输入"vm.nameList=vm.nameList.concat(["职位总经理","年龄 34 岁"])"，把变更后的数组再赋值给 Vue 实例的 nameList，按 Enter 键，可发现页面发生了变化，如图 4-23 所示。

图 4-23　使用新数组替换原始数组

可能会认为，这将导致 Vue 丢弃现有 DOM 并重新渲染整个列表，事实并非如此。Vue 为了使得 DOM 元素得到最大范围的重用，而实现了一些智能的启发式方法，所以用一个含有相同元素的数组去替换原来的数组是非常高效的操作。

在 Vue.js 3.x 版本中，可以利用索引直接设置一个数组项，例如修改上面示例：

```html
<script>
    //创建一个应用程序实例
    const vm= Vue.createApp({
        data(){
          return{
            nameList: ["樊建章","博士学位","工资 28000 元"]
            }
        }
    }).mount('#app');
    //通过索引向数组 nameList 添加"工作年限 3 年"
    vm.nameList[3]=" 工作年限 3 年";
</script>
```

在谷歌浏览器中运行程序，结果如图 4-24 所示。

图 4-24　通过索引向数组添加元素

从上面结果可以发现，要添加的内容已经添加到数组中了。另外，还可以采用以下方法：

```
//使用数组原型的 splice()方法
vm.nameList.splice(0,0,"员工介绍");
```

修改上面示例：

```html
<script>
    //创建一个应用程序实例
```

```
    const vm= Vue.createApp({
        data(){
          return{
            nameList: ["樊建章","博士学位","工资28000元"]
          }
        }
    }).mount('#app');
//使用数组原型的splice()方法
vm.nameList.splice(0,0,"员工介绍");
</script>
```

在谷歌浏览器中运行程序，可发现要添加的内容在页面上已经显示，结果如图4-25所示。

图 4-25　使用数组原型的 splice()方法

6. key 属性

当 Vue 正在更新使用 v-for 渲染的元素列表时，它默认使用"就地更新"的策略。如果数据项的顺序被改变，Vue 将不会移动 DOM 元素来匹配数据项的顺序，而是就地更新每个元素，并且确保它们在每个索引位置正确渲染。

为了给 Vue 一个提示，以便它能跟踪每个节点的身份，从而重用和重新排序现有元素，需要为每项提供一个唯一 key 属性。

下面我们先来看一个不使用 key 属性的示例。

在下面的示例中，定义一个 nameList 数组对象，使用 v-for 指令渲染到页面，同时添加三个输入框和一个"添加"按钮，可以通过"添加"按钮向数组对象中添加内容。在实例中定义一个 add 方法，在方法中使用 unshift()数组的开头添加元素。

【例 4.17】不使用 key 属性（源代码\ch04\4.17.html）。

```
<div id="app">
    <div>名称:<input type="text" v-model="names"></div>
    <div>产地:<input type="text" v-model="citys"></div>
    <div>价格:<input type="text" v-model="prices"><button v-on:click="add()">
添加</button></div>
    <hr>
    <p v-for="item in nameList">
    <input type="checkbox">
    <span>名称:{{item.name}}—产地:{{item.city}}—价格:{{item.price}}</span>
</p>


</div>
<!--引入vue文件-->
```

```
<script src="https://unpkg.com/vue@next"></script>
<script>
    //创建一个应用程序实例
    const vm= Vue.createApp({
        data(){
          return{
            names:"",
            citys:"",
            prices:"",
            nameList:[
                {name:'洗衣机',city:'北京',price:'6800 元'},
                {name:'冰箱',city:'上海',price:'8900 元'},
                {name:'空调',city:'广州',price:'6800 元'}
            ]
          }
        },
        methods:{
            add:function(){
                this.nameList.unshift({
                    name:this.names,
                    city:this.citys,
                    price:this.prices
                })
            }
        }
    }).mount('#app');
</script>
```

在谷歌浏览器中运行程序，选中列表中的第一个选项，如图 4-26 所示；然后在输入框中输入新的内容，单击"添加"按钮后，向数组开头添加一组新数据，页面中也相应地显示，如图 4-27 所示。

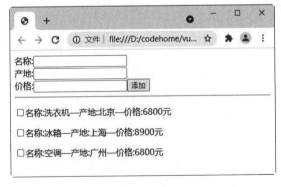

图 4-26　选中列表中的第一个选项

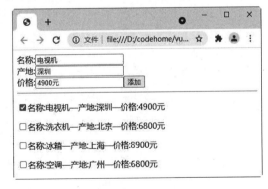

图 4-27　添加后效果

从上面结果可以发现，刚才选择的"洗衣机"变成了新添加的"电视机"。很显然这不是想要的结果。

产生这种效果的原因就是 v-for 指令的"就地更新"策略，只记住了数组勾选选项的索引 0，当往数组添加内容的时候，虽然数组长度增加了，但是指令只记得刚开始选择的数组下标，于是就把新数组中下标为 0 的选项选择了。

为了给 Vue 一个提示，以便它能跟踪每个节点的身份，从而重用和重新排序现有元素，需要为每项提供一个唯一 key 属性。

修改上面示例，在 v-for 指令的后面添加 key 属性。代码如下：

```
<p v-for="item in nameList" v-bind:key="item.name">
```

此时再重复上面的操作，可以发现已经实现了想要的结果，如图 4-28 所示。

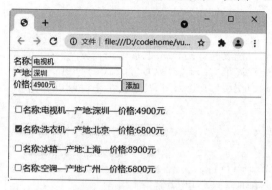

图 4-28　使用 key 属性的结果

7. 过滤与排序

在实际开发中，可能一个数组需要在很多地方使用，有的地方是过滤后的数据，而有些地方是重新排列的数组。这种情况下，可以使用计算属性或者方法来返回过滤或排序后的数组。

【例 4.18】过滤与排序（源代码\ch04\4.18.html）。

```
<div id="app">
    <p>所有库存的商品：</p>
    <ul>
       <li v-for="item in nameList">
           {{item}}
       </li>
    </ul>
    <p>产地为上海的商品：</p>
    <ul>
       <li v-for="item in namelists">
           {{item}}
       </li>
    </ul>
    <p>价格大于或等于 5000 元的商品：</p>
    <ul>
       <li v-for="item in prices()">
           {{item}}
       </li>
    </ul>
</div>
<!--引入 vue 文件-->
<script src="https://unpkg.com/vue@next"></script>
<script>
    //创建一个应用程序实例
```

```
    const vm= Vue.createApp({
        data(){
          return{
            nameList:[
                {name:"洗衣机",price:"5000",city:"上海"},
                {name:"冰箱",price:"6800",city:"北京"},
                {name:"空调",price:"4600",city:"深圳"},
                {name:"电视机",price:"4900",city:"上海"}
            ]
          }
        },
        computed:{  //计算属性
            namelists:function(){
                return this.nameList.filter(function (nameList) {
                    return nameList.city==="上海";
                })
            }
        },
        methods:{  //方法
            prices:function(){
                return this.nameList.filter(function(nameList){
                    return nameList.price>=5000;
                })
            }
        }
    }).mount('#app');
</script>
```

在谷歌浏览器中运行程序，结果如图 4-29 所示。

图 4-29　过滤与排序

8. v-for 与 v-if 一同使用

v-for 与 v-if 一同使用，当它们处于同一节点上时，v-for 的优先级比 v-if 更高，这意味着 v-if 将分别重复运行于每个 v-for 循环中。当只想渲染部分列表选项时，可以使用这种组合方式。

例如下面示例，循环输出商品的出库情况。

【例 4.19】v-for 与 v-if 一同使用（源代码\ch04\4.19.html）。

```
<div id="app">
    <h3>已经出库的商品</h3>
    <ul>
        <template v-for="goods in goodss">
            <li v-if="goods.isOut">
                {{goods.name}}
            </li>
        </template>
    </ul>
    <h3>没有出库的商品</h3>
    <ul>
        <template v-for="goods in goodss">
            <li v-if="!goods.isOut">
                {{goods.name}}
            </li>
        </template>
    </ul>
</div>
<!--引入 vue 文件-->
<script src="https://unpkg.com/vue@next"></script>
<script>
    //创建一个应用程序实例
    const vm= Vue.createApp({
        data() {
            return {
                goodss: [
                    {name: '洗衣机', isOut: false},
                    {name: '冰箱', isOut: true},
                    {name: '空调', isOut: false},
                    {name: '电视机', isOut: true},
                    {name: '电风扇', isOut: true},
                    {name: '电脑', isOut: false}
                ]
            }
        }
    }).mount('#app');
</script>
```

在谷歌浏览器中运行程序，结果如图 4-30 所示。

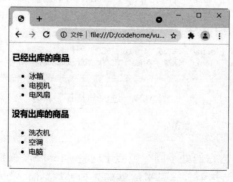

图 4-30　v-for 与 v-if 一同使用

4.3　指令缩写

　　"v-"前缀作为一种视觉提示，用来识别模板中 Vue 特定的特性。在使用 Vue.js 为现有标签添加动态行时，"v-"前缀很有帮助。然而，对于一些频繁用到的指令来说，就会感到烦琐。同时，在构建由 Vue 管理所有模板的单页面应用程序（ SPA-single page application）时，"v-"前缀也变得没那么重要了。因此，Vue 为 v-bind 和 v-on 这两个最常用的指令提供了特定简写，说明如下。

1. v-bind 缩写

```
<!-- 完整语法 -->
<a v-bind:href="url">...</a>
<!-- 缩写 -->
<a :href="url">...</a>
```

2. v-on 缩写

```
<!-- 完整语法 -->
<a v-on:click="doSomething">...</a>
<!-- 缩写 -->
<a @click="doSomething">...</a>
```

　　它们看起来可能与普通的 HTML 略有不同，但":""@"和"#"对于特性名来说都是合法字符，在所有支持 Vue 的浏览器中都能被正确地解析。而且，它们不会出现在最终渲染的标记中。

4.4　自定义指令

　　自定义指令是用来操作 DOM 的。尽管 Vue 是数据驱动视图的理念，但并非所有情况都适合数据驱动。自定义指令就是一种有效的补充和扩展，不仅可用于定义任何的 DOM 操作，并且是可复用的。在 Vue 中，除了核心功能默认内置的指令，Vue 也允许注册自定义指令。有的情况下，对普通 DOM 元素进行底层操作，就会用到自定义指令。

4.4.1　注册自定义指令

　　自定义指令的注册方法和组件很像，也分全局注册和局部注册，例如注册一个 v-focus 的指令，用于在＜input＞、＜textarea＞元素初始化时自动获得焦点，两种写法分别是：

```
//全局注册
const app = Vue.createApp({});
app.directive('focus',{
    //指令选项
});
// 局部注册
const app = Vue.createApp({
    directives:{
        focus:{
```

```
        //指令选项
      }
    }
})).mount('#app');
```

然后可以在模板中任何元素上使用新的 v-focus 指令，例如：

```
<input v-focus>
```

4.4.2　钩子函数

自定义指令的在 directives 选项中实现，在 directives 选项中提供了以下钩子函数，这些钩子函数是可选的：

（1）bind：只调用一次，指令第一次绑定到元素时调用，用这个钩子函数可以定义一个在绑定时执行一次的初始化动作。

（2）update：被绑定元素所在的模板更新时调用，而不论绑定值是否变化。通过比较更新前后的绑定值，可以忽略不必要的模板更新。

（3）inserted：被绑定元素插入父节点时调用。父节点存在即可调用，不必存在于 document 中。

（4）componentUpdated：被绑定元素所在模板完成一次更新周期时调用。

（5）unbind：只调用一次，指令与元素解绑时调用。

可以根据需求在不同的钩子函数内完成逻辑代码，例如，上面的 v-focus，希望在元素插入父节点时就调用，最好是使用 inserted 选项。

【例 4.20】自定义 v-focus 指令（源代码\ch04\4.20.html）。

```
<div id="app">
   <input v-focus>
</div>
<!--引入 vue 文件-->
<script src="https://unpkg.com/vue@next"></script>
<script>
   //创建一个应用程序实例
   const vm= Vue.createApp({  });
   // 注册一个全局自定义指令 `v-focus`
   vm.directive('focus', {
      //当被绑定的元素插入到 DOM 中时
      inserted: function (el) {
         // 聚焦元素
         el.focus()
      }
   })
   vm.mount('#app');
</script>
```

在谷歌浏览器中运行程序，可以看到，页面将在完成时，输入框自动获取焦点，结果如图 4-31 所示。

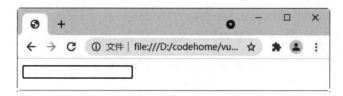

图 4-31 自定义 v-focus 指令

每个钩子函数都有几个参数可用，例如上面用到的 el。它们的含义如下：

（1）el：指令所绑定的元素，可以用来直接操作 DOM。

（2）binding：一个对象，包含以下属性：

- name: 指令名，不包括 "v-" 前缀。
- value: 指令的绑定值，例如 v-my-directive = "1+1"，value 的值是 2。
- oldValue: 指令绑定的前一个值，仅在 update 和 componentUpdated 钩子中可用。无论值是否改变都可用。
- expression: 绑定值的字符串形式。例如 v-my-directive="1+1"，expression 的值是"1 +1"。
- arg: 传给指令的参数。例如 v-my-directive:foo，arg 的值是 foo。
- modifiers: 一个包含修饰符的对象。例如 v-my-directive.foo.bar，修饰符对象 modifiers 的值是 {foo: true,bar:true}。

（3）vnode：Vue 编译生成的虚拟节点。

（4）oldVnode：上一个虚拟节点，仅在 update 和 componentUpdated 钩子中可用。

注意：除了 el 之外，其他参数都应该是只读的，切勿进行修改。如果需要在钩子之间共享数据，则建议通过元素的 dataset 来进行。

下面示例自定义一个指令，在其钩子函数中输入各个参数。

【例 4.21】bind 钩子函数的参数（源代码\ch04\4.21.html）。

```html
<div id="app">
    <div v-demo:foo.a.b="message"></div>
</div>
<!--引入 vue 文件-->
<script src="https://unpkg.com/vue@next"></script>
<script>
    //创建一个应用程序实例
    const vm= Vue.createApp({
     //该函数返回数据对象
       data(){
          return{
              message: '定定住天涯，依依向物华。'
          }
       }
    })
    // 注册一个全局自定义指令'demo'
  vm.directive('demo', {
```

```
    mounted (el, binding, vnode) {
        let s = JSON.stringify
        el.innerHTML =
  'instance: '  + s(binding.instance) + '<br>' +
  'value: '     + s(binding.value) + '<br>' +
  'argument: '  + s(binding.arg) + '<br>' +
  'modifiers: ' + s(binding.modifiers) + '<br>' +
  'vnode keys: ' + Object.keys(vnode).join(', ')
    }
  })
  vm.mount('#app');
</script>
```

在谷歌浏览器中运行程序，由于将 bind 钩子函数的参数信息赋值给了<div>元素的 innerHTML 属性，所以将会在页面中显示 bind 钩子函数的参数信息，结果如图 4-32 所示。

图 4-32　bind 钩子函数的参数

4.4.3　动态指令参数

自定义的指令可以使用动态参数。例如 v-pin:[direction]= "value"中，direction 参数可以根据组件实例数据进行更新，从而可以更加灵活地使用自定义指令。

下面例子通过自定义指令来实现一个功能：让某个元素固定在页面中某个位置，在出现滚动条时，元素也不会随着滚动条而滚动。

【例 4.22】动态指令参数（源代码\ch04\4.22.html）。

```
<div id="app">
    <!--直接给出指令的参数-->
    <p v-pin:top="100">兔园标物序，惊时最是梅。</p>
    <!--使用动态参数-->
    <p v-pin:[direction]="100">衔霜当路发，映雪拟寒开。</p>
</div>
<!--引入 vue 文件-->
<script src="https://unpkg.com/vue@next"></script>
<script>
    //创建一个应用程序实例
    const vm= Vue.createApp({
    //该函数返回数据对象
```

```
        data(){
            return{
                direction: 'left'
            }
        }
    })
    // 注册一个全局自定义指令 `pin`
    vm.directive('pin', {
        beforeMount(el, binding, vnode) {
            el.style.position = 'fixed';
            let s = binding.arg || 'left';
            el.style[s] = binding.value + 'px'
        }
    })
    vm.mount('#app');
</script>
```

在谷歌浏览器中运行程序，结果如图 4-33 所示。

图 4-33　动态指令参数

4.5　项目实训——通过指令实现随机背景色效果

如果网站中加载图片比较缓慢，此时用户体验会比较差。在图片未完成加载前，可以在该元素的区域用随机背景色占位，图片加载完成后才直接渲染出来。

为了能查看到演示效果，可以模拟在图片加载前弹出一个消息，然后再完成图片的加载。

【例 4.23】实现随机背景色效果（源代码\ch04\4.23.html）。

```
<!DOCTYPE html>
<html>
<head>
<meta charset="UTF-8">
<style>
    div{
        width: 500px;
        height: 400px;
    }
</style>
```

```
</head>
<body>
    <div id="app">
        <!--使用自定义的 v-img 指令-->
        <div v-img="''images/b1.jpg'"></div>
    </div>
<script src="https://unpkg.com/vue@next"></script>
<script>
    const app = Vue.createApp({});
    //自定义的 v-img 指令
    app.directive('img', {
        //当前组件插入到父节点时调用
        mounted: function(el, binding){
            //随机设置其相关的背景颜色
            let color = Math.floor(Math.random() * 1000000);
            el.style.backgroundColor = '#' + color;
            //获取到相关的背景图片
            let img = new Image();
            img.src = binding.value;
            img.onload = function(){
                alert("随机背景色");
                el.style.backgroundImage = 'url(' + binding.value + ')';
                }
            }
    })
    app.mount('#app');
</script>
</body>
</html>
```

在谷歌浏览器中运行程序，此时会显示随机背景色，结果如图 4-34 所示。单击"确定"按钮，图片加载完成，如图 4-35 所示。

图 4-34　显示随机背景色　　　　　　　　　图 4-35　图片加载完成

第5章

计算属性

在 Vue 的模板中，使用插值表达式非常方便，但如果表达式的逻辑过于复杂时，模板就会变得非常复杂且难以维护。插值表达式的设计初衷是用于简单运算，不应该对差值做过多的操作。所以遇到这样的问题时，就应该使用计算属性。

5.1 计算属性的定义

通常用户会在模板中定义表达式，非常便利。但是，如果在模板中放入太多的逻辑，会让模板变的臃肿且难以维护。例如：

```
<div id="app">
    {{message.split('').reverse().join('')}}
</div>
```

上面插值语法中的表达式调用了 3 个方法来最终实现字符串的反转，逻辑过于复杂，如果在模板中还要多次使用此处的表达式，就更加难以维护了，此时就应该使用计算属性。

计算属性比较适合对多个变量或者对象进行处理后返回一个结果值，也就是说如果多个变量中的某一个值发生了变化，则绑定的计算属性也会发生变化。

计算属性在 Vue 的 computed 选项中定义，它可以在模板上进行双向数据绑定展示出结果或者用作其他处理。

下面是完整的字符串反转的示例，定义了一个 reversedMessage 计算属性，在 input 输入框中输入字符串时，绑定的 message 属性值发生变化，触发 reversedMessage 计算属性，执行对应的函数，使字符串反转。

【例 5.1】使用计算属性（源代码\ch05\5.1.html）。

```
<div id="app">
```

```
    原始字符串：<input type="text" v-model="message"><br/>
    反转后的字符串：{{reversedMessage}}
</div>
<script>
    //创建一个应用程序实例
    const vm= Vue.createApp({
        //该函数返回数据对象
        data(){
          return{
            message: '落日无情最有情'
          }
        },
        computed: {
            //计算属性的getter
            reversedMessage(){
                return this.message.split('').reverse().join('');
            }
        }
        //在指定的 DOM 元素上装载应用程序实例的根组件
    }).mount('#app');
</script>
```

在谷歌浏览器中运行程序，输入框下面会显示对象的反转内容，效果如图 5-1 所示。

在上面示例中，当 message 属性的值改变时，reversedMessage 的值也会自动更新，并且会自动同步更新 DOM 部分。在谷歌浏览器的控制台中修改 message 的值，按下回车键，执行代码，可以发现 reversedMessage 的值也发生改变，如图 5-2 所示。

图 5-1　字符串翻转效果

图 5-2　修改 message 的值

5.2　计算属性的 getter 和 setter 方法

计算属性中的每一个属性都对应一个对象，对象中包括了 getter 和 setter 方法，分别用来获取计算属性和设置计算属性。默认情况下只有 getter 方法，这种情况下可以简写，例如：

```
computed: {
    fullNname:function(){
        //
    }
}
```

默认情况下是不能直接修改计算属性的，如果需要修改计算属性，这时就需要提供一个 setter 方法。例如：

```
computed:{
    fullNname:{
        //getter 方法
        get:function(){
            //
        }
        //setter 方法
        set:function(newValue){
            //
        }
    }
}
```

提示：通常情况下，getter() 方法需要使用 return 返回内容。而 setter() 方法不需要，它用来改变计算属性的内容。

【例 5.2】getter 和 setter 方法（源代码\ch05\5.2.html）。

```
<div id="app">
    <p>考生姓名：{{name}}</p>
    <p>考试分数：{{score}}</p>
    <p>考生名次：{{ranking }}</p>
    <p>考生考试信息：{{nameSR}}</p>
</div>
<script>
    //创建一个应用程序实例
    const vm= Vue.createApp({
        //该函数返回数据对象
        data(){
            return{
                name:"张三丰",
                score:"368 分",
                ranking:"第 8 名"
            }
        },
        computed:{
            nameSR:{
                //getter 方法，显示时调用
                get:function(){
                    //拼接 name、score 和 ranking
                    return this.name+"**"+this.score+"**"+this.ranking;
                },
                //setter 方法，设置 namePrice 时调用，其中参数用来接收新设置的值
                set:function(newName){
                    var names=newName.split(' ');  //以空格拆分字符串
                    this.name=names[0];
                    this.score =names[1];
                    this.ranking =names[2];
```

```
            }
        }
    }
    //在指定的 DOM 元素上装载应用程序实例的根组件
})).mount('#app');
</script>
```

在谷歌浏览器中运行程序，效果如图 5-3 所示。在浏览器的控制台中设置计算属性 nameSR 的值为"李莉 390 分 第 6 名"，按回车键后可以发现计算属性的内容变成了"李莉 390 分 第 6 名"，效果如图 5-4 所示。

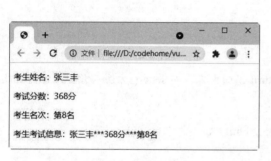

图 5-3　运行效果

图 5-4　修改后效果

5.3　计算属性的缓存

计算属性是基于它们的依赖进行缓存的。计算属性只有在它的相关依赖发生改变时才会重新求值。

计算属性的写法和方法很相似，也可以在 methods 中定义一个方法来实现相同的功能。

其实，计算属性的本质就是一个方法，只不过，在使用计算属性的时候，把计算属性的名称直接作为属性来使用，并不会把计算属性作为一个方法去调用。

为什么还要去使用计算属性，而不是去定义一个方法呢？计算属性是基于它们的依赖进行缓存的，即只有在相关依赖发生改变时，它们才会重新求值。例如，在【例 5.1】中，只要 message 没有发生改变，多次访问 reversedMessage 计算属性，会立即返回之前的计算结果，而不必再次执行函数。

反之，如果使用方法的形式实现，当使用到 reversedMessage 方法时，无论 message 属性是否发生了改变，方法都会重新执行一次，这无形中增加了系统的开销。

在某些情况下，计算属性和方法可以实现相同的功能，但有一个重要的不同点。在调用 methods 中的一个方法时，所有方法都会被调用。

例如，下面的示例定义了 2 个方法 add1 和 add2，分别打印"number+a""number+b"，当调用其中 add1 时，add2 也将被调用。

【例 5.3】方法调用方式（源代码\ch05\5.3.html）。

```
<div id="app">
    <button v-on:click="a++">a+1</button>
```

```
    <button v-on:click="b++">b+1</button>
    <p>number+a={{add1()}}</p>
    <p>number+b={{add2()}}</p>
</div>
<script>
    //创建一个应用程序实例
    const vm= Vue.createApp({
        //该函数返回数据对象
        data(){
          return{
            a:0,
            b:0,
            number:100
            }
        },
        methods: {
            add1:function(){
                console.log("add1");
                return this.a+this.number;
            },
            add2:function(){
                console.log("add2");
                return this.b+this.number;
            }
          }
        //在指定的 DOM 元素上装载应用程序实例的根组件
    }).mount('#app');
</script>
```

在谷歌浏览器中运行程序,打开控制台,每次单击"a+1"按钮,可以发现控制台调用一次 add1()
和 add2()方法,如图 5-5 所示。

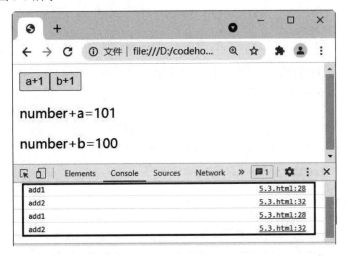

图 5-5　方法的调用效果

使用计算属性则不同,计算属性相当于优化了的方法,使用时只会使用对应的计算属性。例如修改上面示例，把 methods 换成 computed，并把 HTML 中的调用 add1 和 add2 方法的括号去掉。

注意：计算属性的调用不能使用括号，例如 add1、add2；调用方法需要加上括号，例如 add1()、add2()。

【例 5.4】计算属性调用方式（源代码\ch05\5.4.html）。

```html
<div id="app">
    <button v-on:click="a++">a+1</button>
    <button v-on:click="b++">b+1</button>
    <p>number+a={{add1}}</p>
    <p>number+b={{add2}}</p>
</div>
<script>
    //创建一个应用程序实例
    const vm= Vue.createApp({
        //该函数返回数据对象
        data(){
          return{
            a:0,
            b:0,
            number:100
          }
        },
        computed: {
            add1:function(){
                console.log("number+a");
                return this.a+this.number
            },
            add2:function(){
                console.log("number+b")
                return this.b+this.number
            }
        }
    //在指定的 DOM 元素上装载应用程序实例的根组件
    }).mount('#app');
</script>
```

在谷歌浏览器中运行程序，打开控制台，在页面中多次单击"a+1"按钮，可以发现控制台只打印了"number+a"，如图 5-6 所示。

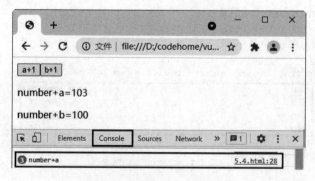

图 5-6　计算属性的调用效果

　　计算属性相比较于方法来说更加优化，但并不是什么情况下都可以使用计算属性，在触发事件时还是使用对应的方法。计算属性一般在数据量比较大，比较耗时的情况下使用（例如搜索），只有虚拟 DOM 与真实 DOM 不同的情况下，才会执行 computed。如果业务实现不需要有缓存，name 可以使用方法来代替。

5.4　计算属性代替 v-for 和 v-if

　　在业务逻辑处理中，会使用 v-for 指令渲染列表的内容，有时候也会使用 v-if 指令的条件判断，以过滤列表中不满足条件的列表项。实际上，这个功能也可以使用计算属性来完成。

　　【例 5.5】使用计算属性代替 v-for 和 v-if（源代码\ch05\5.5.html）。

```
<div id="app">
        <h3>1.需要采购的水果</h3>
        <ul>
            <li v-for="fruit in inFruit">
                    {{fruit.name}}
            </li>
        </ul>
        <h3>2.不需要采购的水果</h3>
        <ul>
            <li v-for="fruit in noFruit">
                    {{fruit.name}}
            </li>
        </ul>
</div>
<script>
    //创建一个应用程序实例
    const vm= Vue.createApp({
        //该函数返回数据对象
        data(){
          return{
            fruits: [
              {name: '葡萄', purchase: false},
              {name: '香蕉', purchase: true},
              {name: '橘子', purchase: false},
              {name: '苹果', purchase: true},
              {name: '梨子', purchase: true},
              {name: '柚子', purchase: false}
            ]
          }
        },
        computed:{
            inFruit(){
                return this.fruits.filter(fruit=>fruit.purchase);
            },
            noFruit(){
```

```
                    return this.fruits.filter(fruit=>!fruit.purchase);
            }
        }
        //在指定的 DOM 元素上装载应用程序实例的根组件
    }).mount('#app');
</script>
```

在谷歌浏览器中运行程序，结果如图 5-7 所示。

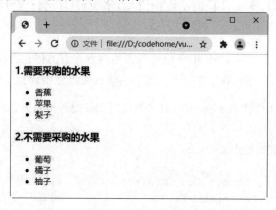

图 5-7　使用计算属性代替 v-for 和 v-if

从上面示例可以发现，计算属性可以代替 v-for 和 v-if 组合的功能。在处理业务时推荐使用计算属性，这是因为即使由于 v-if 指令的使用而只渲染了一部分元素，但在每次重新渲染的时候，仍然要遍历整个列表，而不论渲染的元素内容是否发生了改变。

采用计算属性过滤后再遍历，可以获得一些好处：过滤后的列表只会在 fruits 数组发生相关变化时，才被重新计算，过滤更高效；使用<li v-for="fruit in inFruit">之后，在渲染的时候只遍历需要采购的水果，渲染更高效。

5.5　项目实训——使用计算属性设计计算器

网站开发中经常会用到计算器，这里以简单的加法计算器为例进行讲解。使用计算属性来设计简单的加法计算器。

【例 5.6】使用计算属性设计计算器（源代码\ch05\5.6.html）。

```
<div id="app">
    <input type="number" v-model="n1">+
    <input type="number" v-model="n2"> =
    <button>{{ sum }}</button>
</div>
<script>
    //创建一个应用程序实例
    const vm= Vue.createApp({
        data(){          //该函数返回数据对象
            return{
```

```
                n1: '',
                n2: '',
            }
        },
        computed: {
            sum(){
                // n1 和 n2 中有值，&&表示和
                if (this.n1 && this.n2){
                    return +this.n1 + +this.n2;    // 在数字字符串前加+变为数字
                }
                return '计算'
            }
        },
        //在指定的 DOM 元素上装载应用程序实例的根组件
    }).mount('#app');
</script>
```

在谷歌浏览器中运行程序，结果如图 5-8 所示。

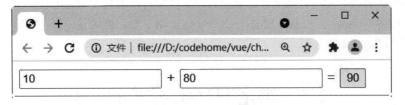

图 5-8　设计加法计算器

第6章

v-bind 及 class 与 style 绑定

在 Vue 中，操作元素的 class 列表和内联样式是数据绑定的一个常见需求。因为它们都是属性，所以可以用 v-bind 处理它们：只需要通过表达式计算出字符串结果即可。不过，字符串拼接麻烦且易错。因此，在将 v-bind 用于 class 和 style 时，Vue.js 做了专门的增强。表达式结果的类型除了字符串之外，还可以是对象或数组。

6.1 绑定 HTML 样式 class

在 Vue 中，动态的样式类在"v-on:class"中定义，静态的类名写在 class 样式中。

6.1.1 数组语法

Vue 中提供了使用数组进行绑定样式的方式，可以直接在数组中写上样式的类名。

注意： 如果不使用单引号包裹类名，其实代表的还是一个变量的名称，会出现错误信息。

【例 6.1】class 数组语法（源代码\ch06\6.1.html）。

```
<style>
    .static{
        color: white;
    }
    .class1{
        background: #DAB1D5;
        font-size: 30px;
        text-align: center;
        line-height: 100px;
    }
    .class2{
        width: 400px;
        height: 100px;
```

```
    }
</style>
<div id="app">
    <div class="static" v-bind:class="['class1','class2']">{{date}}</div>
</div>
<!--引入 vue 文件-->
<script src="https://unpkg.com/vue@next"></script>
<script>
    //创建一个应用程序实例
    const vm= Vue.createApp({
        //该函数返回数据对象
        data(){
          return{
             date:" 定定住天涯，依依向物华。"
           }
        }
        //在指定的 DOM 元素上装载应用程序实例的根组件
    }).mount('#app');
</script>
```

在谷歌浏览器中运行程序，打开控制台，可以看到渲染的样式，如图 6-1 所示。

图 6-1　数组语法渲染结果

如果想以变量的方式定义样式，就需要先定义好这个变量。示例中的样式与上例样式相同。

```
<div id="app">
    <div class="static" v-bind:class="[Class1,Class2]">{{date}}</div>
</div>
<script>
    //创建一个应用程序实例
    const vm= Vue.createApp({
        //该函数返回数据对象
        data(){
          return{
             date:'定定住天涯，依依向物华。',
             Class1:'class1',
             Class2:'class2'
```

```
        }
    }
    //在指定的 DOM 元素上装载应用程序实例的根组件
    }).mount('#app');
</script>
```

在数组语法中还可以使用对象语法，根据值的真假来控制样式是否使用。

```
<div id="app">
    <div class="static" v-bind:class="[{class1:boole}, 'class2']">{{date}}</div>
</div>
<script>
    //创建一个应用程序实例
    const vm= Vue.createApp({
        //该函数返回数据对象
        data(){
          return{
            date:'定定住天涯，依依向物华。',
            boole:true
            }
        }
        //在指定的 DOM 元素上装载应用程序实例的根组件
    }).mount('#app');
</script>
```

在谷歌浏览器中运行程序，渲染的结果和上面示例相同，如图 6-1 所示。

6.1.2 对象语法

上面小节的最后，在数组中使用了对象的形式来设置样式，在 Vue 中也可以直接使用对象的形式来设置样式。对象的属性为样式的类名，value 则为 true 或者 false，当值为 true 时显示样式。由于对象的属性可以带引号，也可以不带引号，所以属性就按照自己的习惯写法就可以了。

【例 6.2】class 对象语法（源代码\ch06\6.2.html）。

```
<style>
    .static{
        color: white;
    }
    .class1{
        background: #97CBFF;
        font-size: 20px;
        text-align: center;
        line-height: 100px;
    }
    .class2{
        width: 200px;
        height: 100px;
    }
</style>
```

```
<div id="app">
    <div class="static" v-bind:class="{ class1: boole1, 'class2': boole2}">
{{date}}</div>
</div>
<!--引入 vue 文件-->
<script src="https://unpkg.com/vue@next"></script>
<script>
    //创建一个应用程序实例
    const vm= Vue.createApp({
        //该函数返回数据对象
        data(){
          return{
              boole1: true,
              boole2: true,
              date:"多情自古伤离别"
          }
        }
        //在指定的 DOM 元素上装载应用程序实例的根组件
    }).mount('#app');
</script>
```

在谷歌浏览器中运行程序，打开控制台，可以看到渲染的结果，如图 6-2 所示。

图 6-2　class 对象语法

当 class1 或 class2 变化时，class 列表将相应地更新。例如，如果 class2 的值变更为 false。

```
<script>
    //创建一个应用程序实例
    const vm= Vue.createApp({
        //该函数返回数据对象
        data(){
          return{
              boole1: true,
              boole2: false,
              date:"多情自古伤离别"
          }
        }
```

```
    //在指定的 DOM 元素上装载应用程序实例的根组件
    })).mount('#app');
</script>
```

在谷歌浏览器中运行程序，打开控制台，可以看到渲染的结果，如图 6-3 所示。

图 6-3 渲染结果

当对象中的属性过多时，如果还是全部写到元素上，势必会显得比较烦琐。这时可以在元素上只写上对象变量，在 Vue 实例中进行定义。

【例 6.3】在元素上只写上对象变量（源代码\ch06\6.3.html）。

```html
<style>
    .static{
        color: white;
    }
    .class1{
        background: #5151A2;
        font-size: 20px;
        text-align: center;
        line-height: 100px;
    }
    .class2{
        width: 400px;
        height: 100px;
    }
</style>
<div id="app">
    <div class="static" v-bind:class="objStyle">{{date}}</div>
</div>
<!--引入 vue 文件-->
<script src="https://unpkg.com/vue@next"></script>
<script>
    //创建一个应用程序实例
    const vm= Vue.createApp({
        //该函数返回数据对象
        data(){
          return{
```

```
            date:"便纵有千种风情，更与何人说？",
            objStyle:{
                class1: true,
                class2: true
            }
        }
    }
    //在指定的 DOM 元素上装载应用程序实例的根组件
    }).mount('#app');
</script>
```

在谷歌浏览器中运行程序，渲染的结果如图 6-4 所示。

图 6-4　对象语法效果

也可以绑定一个返回对象的计算属性，这是一个常用且强大的模式。

```
<div id="app">
    <div class="static" v-bind:class="classObject">{{date}}</div>
</div>
<!--引入 vue 文件-->
<script src="https://unpkg.com/vue@next"></script>
<script>
    //创建一个应用程序实例
    const vm= Vue.createApp({
        //该函数返回数据对象
        data(){
          return{
            date:"便纵有千种风情，更与何人说？",
            boole1: true,
            boole2: true
            }
        },
    computed: {
        classObject: function () {
            return {
                class1:this.boole1,
                'class2':this.boole2
```

```
            }
          }
        }
        //在指定的 DOM 元素上装载应用程序实例的根组件
    })).mount('#app');
</script
```

在谷歌浏览器中运行程序，渲染的结果和上面示例相同，如图 6-4 所示。

6.1.3 用在组件上

当在一个自定义组件上使用 class 属性时，这些类将被添加到该组件的根元素上面。这个元素上已经存在的类不会被覆盖。

例如，声明组件 my-component 如下：

```
Vue.component('my-component', {
  template: '<p class="class1 class2">Hello</p>'
})
```

然后在使用它的时候添加一些 class 样式 style3 和 style4：

```
<my-component class=" class3 class4"></my-component>
```

HTML 将被渲染为：

```
<p class=" class1 class2 class3 class4">Hello</p>
```

对于带数据绑定的 class 也同样适用：

```
<my-component v-bind:class="{ class5: isActive }"></my-component>
```

当 isActive 为 Truthy 时，HTML 将被渲染成为：

```
<p class=" class1 class2 class5">Hello</p>
```

提示：在 JavaScript 中，Truthy（真值）指的是在布尔值上下文中转换后的值为真的值。所有值都是真值，除非它们被定义为 falsy（即除了 false、0、""、null、undefined 和 NaN 外）。

6.2 绑定内联样式 style

内联样式指将 CSS 样式编写到元素的 style 属性中。

6.2.1 对象语法

与使用属性为元素设置 class 样式相同，在 Vue 中，也可以使用对象的方式，为元素设置 style 样式。

v-bind:style 的对象语法十分直观——看着非常像 CSS，但其实是一个 JavaScript 对象。CSS 属性名可以用驼峰式（camelCase）或短横线分隔（kebab-case，记得用引号包裹起来）来命名。

【例 6.4】style 对象语法（源代码\ch06\6.4.html）。

```
<div id="app">
    <div v-bind:style="{color: 'red',fontSize:'30',border:'2px solid blue '}">
多情自古伤离别，更那堪，冷落清秋节！今宵酒醒何处？杨柳岸，晓风残月。</div>
</div>
<!--引入 vue 文件-->
<script src="https://unpkg.com/vue@next"></script>
<script>
    //创建一个应用程序实例
    const vm= Vue.createApp({ }).mount('#app');
</script>
```

在谷歌浏览器中运行程序，打开控制台，渲染结果如图 6-5 所示。

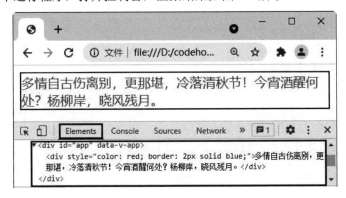

图 6-5　style 对象语法

也可以在 Vue 实例对象中定义属性，用来代替样式属性，例如下面代码：

```
<div id="app">
    <div v-bind:style="{color:styleColor,fontSize:fontSize+'px',border:style
Border}">多情自古伤离别，更那堪，冷落清秋节！今宵酒醒何处？杨柳岸，晓风残月。</div>
</div>
<!--引入 vue 文件-->
<script src="https://unpkg.com/vue@next"></script>
<script>
    //创建一个应用程序实例
    const vm= Vue.createApp({
        //该函数返回数据对象
        data(){
          return{
            styleColor: ' red',
            fontSize: 30,
            styleBorder: '2px solid blue'
            }
        }
        //在指定的 DOM 元素上装载应用程序实例的根组件
    }).mount('#app');
</script>
```

在谷歌浏览器中运行效果和上例相同，如图 6-5 所示。

同样地，可以直接绑定一个样式对象变量，这样的代码看起来也会更简洁美观。

```
<div id="app">
    <div v-bind:style="styleObject">多情自古伤离别，更那堪，冷落清秋节！今宵酒醒何处？
杨柳岸，晓风残月。</div>
</div>
<!--引入 vue 文件-->
<script src="https://unpkg.com/vue@next"></script>
<script>
    //创建一个应用程序实例
    const vm= Vue.createApp({
        //该函数返回数据对象
        data(){
          return{
            styleObject: {
                color: 'red ',
                fontSize: '30px',
                border: '2px solid blue'
             }
           }
        }
        //在指定的 DOM 元素上装载应用程序实例的根组件
    }).mount('#app');
</script>
```

在谷歌浏览器里面运行，打开控制台，渲染结果和上面示例相同，如图 6-5 所示。

同样地，对象语法常常结合返回对象的计算属性来使用。例如以下代码：

```
<div id="app">
    <div v-bind:style="styleObject">执手相看泪眼，竟无语凝噎。</div>
</div>
<!--引入 vue 文件-->
<script src="https://unpkg.com/vue@next"></script>
<script>
    //创建一个应用程序实例
    const vm= Vue.createApp({
        //计算属性
        computed:{
            styleObject:function(){
                return {
                    color: 'blue',
                    fontSize: '20px'
                }
            }
        }
        //在指定的 DOM 元素上装载应用程序实例的根组件
    }).mount('#app');
</script>
```

在谷歌浏览器中运行程序，渲染的结果如图 6-6 所示。

图 6-6　style 对象语法

6.2.2　数组语法

v-bind:style 的数组语法可以将多个样式对象应用到同一个元素上，样式对象可以是 data 中定义的样式对象和计算属性中 return 的对象。

【例 6.5】style 数组语法（源代码\ch06\6.5.html）。

```
<div id="app">
    <div v-bind:style="[styleObject1,styleObject2]"> 今宵酒醒何处？杨柳岸，晓风残月。此去经年，应是良辰好景虚设。</div>
</div>
<!--引入 vue 文件-->
<script src="https://unpkg.com/vue@next"></script>
<script>
    //创建一个应用程序实例
    const vm= Vue.createApp({
        //该函数返回数据对象
        data(){
          return{
            styleObject1: {
                color: 'red',
                fontSize: '30px'
            }
          }
        },
        //计算属性
        computed:{
            styleObject2:function(){
                return {
                    border: '2px solid blue',
                    padding: '30px',
                    textAlign:'center'
                }
            }
        }
    })
    //在指定的 DOM 元素上装载应用程序实例的根组件
    }).mount('#app');
```

```
</script>
```

在谷歌浏览器中运行程序，打开控制台，渲染结果如图 6-7 所示。

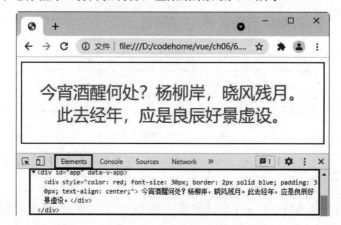

图 6-7　style 数组语法

提示：当 v-bind:style 使用需要添加浏览器引擎前缀的 CSS 属性时，例如 transform，Vue.js 会自动侦测并添加相应的前缀。

6.3　项目实训——设计隔行变色的水果信息表

该示例主要是设计隔行变色的水果信息表，针对奇偶行将应用不同的样式，然后通过 v-for 指令循环输出表格中的商品数据。

【例 6.6】设计隔行变色的水果信息表（源代码\ch06\6.6.html）。

```
<!DOCTYPE html>
<html>
<head>
<meta charset="UTF-8">
<style>
    body {
        width: 600px;
    }
    table {
        border: 1px solid black;
    }
    table {
        width: 100%;
    }
    th {
        height: 50px;
    }
    th, td {
        border-bottom: 1px solid black;
```

```
            text-align: center;
        }
        [v-cloak] {
            display: none;
        }
}
    .even {
        background-color: #D2A2CC;
    }
</style>
</head>
<body>
    <div id = "app" v-cloak>
        <table>
        <tr><td colspan="4" style="font-size:33px;">水果信息表</td></tr>
        <tr>
            <th>编号</th>
            <th>名称</th>
            <th>价格</th>
            <th>产地</th>
        </tr>
        <tr v-for="(goods, index) in goodss"
        :key="goods.id" :class="{even : (index+1) % 2 === 1}">
            <td>{{ goods.id }}</td>
            <td>{{ goods.title }}</td>
            <td>{{ goods.price }}</td>
            <td>{{ goods.city }}</td>
        </tr>
    </table>
</div>
<script src="https://unpkg.com/vue@next"></script>
<script>
    const vm = Vue.createApp({
        data() {
        return {
            goodss: [{
                id: 1001,
                title: '樱桃',
                price: 10.88,
                city: '大连'
            },
            {
                id: 1002,
                title: '香蕉',
                price: 7.88,
                city: '南宁'
            },
            {
                id: 1003,
                title: '葡萄',
                price: 6.88,
```

```
                    city: '吐鲁番'
                },
                {
                    id: 1004,
                    title: '苹果',
                    price: 8.88,
                    city: '烟台'
                }
            ]
        }
    },
    methods: {
        deleteItem(index){
            this.goodss.splice(index, 1);
        }
    }
}).mount('#app');
</script>
</body>
</html>
```

在谷歌浏览器中运行程序，效果如图 6-8 所示。

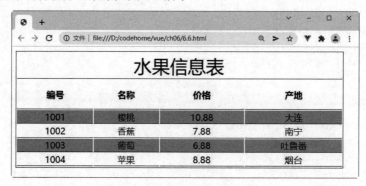

图 6-8　隔行变色的水果信息表

第7章

表单与 v-model 双向绑定

对于 Vue 来说，使用 v-bind 并不能解决表单域对象双向绑定的需求。所谓双向绑定，就是无论是通过 input 还是通过 Vue 对象，都能修改绑定的数据对象的值。Vue 提供了 v-model 进行双向绑定。本章将重点讲解表单域对象的双向绑定方法和技巧。

7.1 实现双向数据绑定

对于数据的绑定，不管是使用插值表达式（{{}}）还是 v-text 指令，对于数据间的交互都是单向的，只能将 Vue 实例里的值传递给页面，页面对数据值的任何操作却无法传递给 model。

MVVM 模式最重要的一个特性，可以说是数据的双向绑定，而 Vue 作为一个 MVVM 框架，肯定也实现了数据的双向绑定。在 Vue 中使用内置的 v-model 指令完成数据在 View 与 Model 间的双向绑定。

可以用 v-model 指令在表单 \<input\>、\<textarea\> 及 \<select\> 元素上创建双向数据绑定。它会根据控件类型自动选取正确的方法来更新元素。尽管有些神奇，但 v-model 本质上不过是语法糖。它负责监听用户的输入事件以更新数据，并对一些极端场景进行一些特殊处理。

v-model 会忽略所有表单元素的 value、checked、selected 特性的初始值，而总是将 Vue 实例的数据作为数据来源。这里应该通过 JavaScript 在组件的 data 选项中声明初始值。

7.2 单行文本输入框

下面讲解最常见的单行文本输入框的数据双向绑定。

【例 7.1】绑定单行文本输入框（源代码\ch07\7.1.html）。

```
<div id="app">
```

```
    <input type="text" v-model="message" value="hello world">
    <p>{{message}}</p>
</div>
<!--引入 vue 文件-->
<script src="https://unpkg.com/vue@next"></script>
<script>
    //创建一个应用程序实例
    const vm= Vue.createApp({
        //该函数返回数据对象
        data(){
          return{
            message:"今日采购的水果是葡萄！"
            }
        }
        //在指定的 DOM 元素上装载应用程序实例的根组件
    }).mount('#app');
</script>
```

在谷歌浏览器中运行程序，效果如图 7-1 所示；在输入框中输入"今日采购的水果是苹果！"，可以看到下面的内容也发生了变化，如图 7-2 所示。

图 7-1 页面初始化效果

图 7-2 变更后效果

7.3 多行文本输入框

下面示例在多行文本输入框 textarea 标签中，绑定 message 属性。

【例 7.2】绑定多行文本输入框（源代码\ch07\7.2.html）。

```
<div id="app">
    <textarea v-model="message"></textarea>
    <p>{{message}}</p>
</div>
<!--引入 vue 文件-->
<script src="https://unpkg.com/vue@next"></script>
<script>
    //创建一个应用程序实例
    const vm= Vue.createApp({
        //该函数返回数据对象
        data(){
          return{
            message:"几日随风北海游"
```

```
        }
      }
    //在指定的 DOM 元素上装载应用程序实例的根组件
  }).mount('#app');
</script>
```

在谷歌浏览器中运行程序，效果如图 7-3 所示；在 textarea 标签中输入多行文本，效果如图 7-4 所示。

图 7-3　页面初始化效果　　　　　　　图 7-4　绑定多行文本输入框

7.4　复选框

复选框单独使用时，绑定的是布尔值，若选中则值为 true，若未选中则值为 false。

【例 7.3】绑定单个复选框（源代码\ch07\7.3.html）。

```
<div id="app">
    <input type="checkbox" id="checkbox" v-model="checked">
    <label for="checkbox">{{ checked }}</label>
</div>
<!--引入 vue 文件-->
<script src="https://unpkg.com/vue@next"></script>
<script>
    //创建一个应用程序实例
    const vm= Vue.createApp({
        //该函数返回数据对象
        data(){
          return{
           //默认值为 false
            checked:false
            }
          }
        //在指定的 DOM 元素上装载应用程序实例的根组件
    }).mount('#app');
</script>
```

在谷歌浏览器中运行程序，效果如图 7-5 所示；当选中复选框后，checked 的值变为 true，效果如图 7-6 所示。

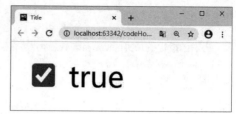

图 7-5　页面初始化效果　　　　　　　　　图 7-6　选中效果

多个复选框，绑定到同一个数组，被选中的添加到数组中。

【例 7.4】绑定多个复选框（源代码\ch07\7.4.html）。

```
<div id="app">
    <p>选择需要采购的水果：</p>
    <input type="checkbox" id="name1" value="葡萄" v-model="checkedNames">
    <label for="name1">葡萄</label>
    <input type="checkbox" id="name2" value="香蕉" v-model="checkedNames">
    <label for="name2">香蕉</label>
    <input type="checkbox" id="name3" value="苹果" v-model="checkedNames">
    <label for="name3">苹果</label>
    <input type="checkbox" id="name4" value="橘子" v-model="checkedNames">
    <label for="name4">橘子</label>
    <p><span>选中的水果:{{ checkedNames }}</span></p>
</div>
<!--引入 vue 文件-->
<script src="https://unpkg.com/vue@next"></script>
<script>
    //创建一个应用程序实例
    const vm= Vue.createApp({
        //该函数返回数据对象
        data(){
          return{
          checkedNames: []    //定义空数组
          }
        }
        //在指定的 DOM 元素上装载应用程序实例的根组件
    }).mount('#app');
</script>
```

在谷歌浏览器中运行程序，选择多个复选框，选择的内容显示在数组中，如图 7-7 所示。

图 7-7　绑定多个复选框

7.5　单选按钮

单选按钮一般都有多个条件可供选择，既然是单选按钮，自然希望实现互斥效果，可以使用 v-model 指令配合单选按钮的 value 来实现。

在下面的示例中，多个单选按钮绑定到同一个数组，被选中的水果添加到数组中。

【例 7.5】绑定单选按钮（源代码\ch07\7.5.html）。

```
<div id="app">
    <h3>请选择本次采购的水果（单选题）</h3>
    <input type="radio" id="one" value="A" v-model="picked">
    <label for="one">A.苹果</label><br/>
    <input type="radio" id="two" value="B" v-model="picked">
    <label for="two">B.葡萄</label><br/>
    <input type="radio" id="three" value="C" v-model="picked">
    <label for="three">C.香蕉</label><br/>
    <input type="radio" id="four" value="D" v-model="picked">
    <label for="four">D.橘子</label>
    <p><span>选择: {{ picked }}</span></p>
</div>
<!--引入 vue 文件-->
<script src="https://unpkg.com/vue@next"></script>
<script>
    //创建一个应用程序实例
    const vm= Vue.createApp({
        //该函数返回数据对象
        data(){
          return{
           picked: ''
           }
        }
        //在指定的 DOM 元素上装载应用程序实例的根组件
    }).mount('#app');
</script>
```

在谷歌浏览器中运行程序，选中"C"单选按钮，效果如图 7-8 所示。

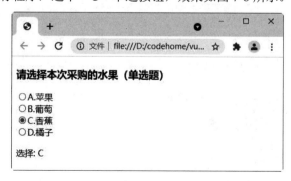

图 7-8　绑定单选按钮

7.6 选择框

选择框包括单选框和多选框。

1. 单选框

【例7.6】绑定单选框（源代码\ch07\7.6.html）。

```
<div id="app">
    <h3>选择喜欢的水果</h3>
    <select v-model="selected">
        <option disabled value="">选择喜欢的水果</option>
        <option>苹果</option>
        <option>香蕉</option>
        <option>葡萄</option>
        <option>橘子</option>
    </select>
    <span>选择的水果: {{ selected }}</span>
</div>
<!--引入 vue 文件-->
<script src="https://unpkg.com/vue@next"></script>
<script>
    //创建一个应用程序实例
    const vm= Vue.createApp({
        //该函数返回数据对象
        data(){
          return{
            selected: ' '
            }
        }
        //在指定的 DOM 元素上装载应用程序实例的根组件
    }).mount('#app');
</script>
```

在谷歌浏览器中运行程序，在下拉选项中选择"苹果"，选择结果中也变成了"苹果"，效果如图7-9所示。

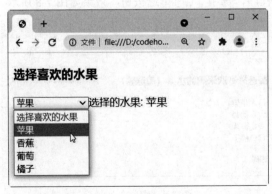

图7-9 绑定单选框

提示：如果 v-model 表达式的初始值未能匹配任何选项，<select>元素将被渲染为"未选中"状态。

2. 多选框（绑定到一个数组）

为<select>标签添加 multiple 属性，即可实现多选。

【例 7.7】绑定多选框（源代码\ch07\7.7.html）。

```
<div id="app">
    <h3>选择喜欢的水果</h3>
    <select v-model="selected" multiple style="height: 100px">
        <option disabled value="">选择喜欢的水果</option>
        <option>苹果</option>
        <option>香蕉</option>
        <option>葡萄</option>
        <option>橘子</option>
    </select><br/>
    <span>选择的水果: {{ selected }}</span>
</div>
<!--引入 vue 文件-->
<script src="https://unpkg.com/vue@next"></script>
<script>
    //创建一个应用程序实例
    const vm= Vue.createApp({
        //该函数返回数据对象
        data(){
          return{
           selected: []
           }
        }
        //在指定的 DOM 元素上装载应用程序实例的根组件
    }).mount('#app');
</script>
```

在谷歌浏览器中运行程序，按住 Ctrl 键可以选择多个选项，效果如图 7-10 所示。

图 7-10 绑定多选框

3. 用 v-for 渲染的动态选项

在实际应用场景中，<select>标签中的<option>一般是通过 v-for 指令动态输出的，其中每一项的 value 或 text 都可以使用 v-bind 动态输出。

【例 7.8】用 v-for 渲染的动态选项（源代码\ch07\7.8.html）。

```
<div id="app">
    <h3>请选择您喜欢的课程</h3>
    <select v-model="selected">
        <option v-for="option in options" v-bind:value="option.value">{{option.text}}</option>
    </select>
    <span>选择的课程: {{ selected }}</span>
</div>
<!--引入 vue 文件-->
<script src="https://unpkg.com/vue@next"></script>
<script>
    //创建一个应用程序实例
    const vm = Vue.createApp({
        //该函数返回数据对象
        data(){
          return{
           selected: [],
            options:[
                { text: '课程 1', value: 'Java 开发班' },
                { text: '课程 2', value: 'Python 开发班' },
                { text: '课程 3', value: '前端开发班' }
            ]
          }
        }
    }).mount('#app');
</script>
```

在谷歌浏览器中运行程序，然后再选择框中选择"课程 3"，将会显示它对应的 value 值，效果
如图 7-11 所示。

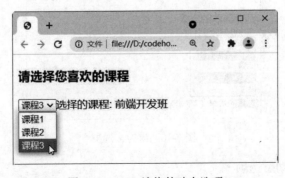

图 7-11　v-for 渲染的动态选项

7.7 值绑定

对于单选按钮、复选框及选择框的选项，v-model 绑定的值通常是静态字符串（对于复选框也可以是布尔值）。但是，有时可能想把值绑定到 Vue 实例的一个动态属性上，这时可以用 v-bind 实现，并且这个属性的值可以不是字符串。

7.7.1 复选框

在下面示例中，true-value 和 false-value 特性并不会影响输入控件的 value 特性，因为浏览器在提交表单时并不会包含未被选中的复选框。如果要确保表单中这两个值中的一个能够被提交，例如"yes"或"no"，则请换用单选按钮。

【例 7.9】动态绑定复选框（源代码\ch07\7.9.html）。

```
<div id="app">
    <input type="checkbox" v-model="toggle" true-value="yes" false-value="no">
    <span>{{toggle}}</span>
</div>
<!--引入 vue 文件-->
<script src="https://unpkg.com/vue@next"></script>
<script>
    //创建一个应用程序实例
    const vm = Vue.createApp({
        //该函数返回数据对象
        data(){
          return{
           toggle:'false'
          }
         }
    }).mount('#app');
</script>
```

在谷歌浏览器中运行程序，默认的状态效果如图 7-12 所示；选择复选框的状态效果如图 7-13 所示。

图 7-12 默认的效果

图 7-13 选择复选框的状态

7.7.2 单选框

首先为单选按钮绑定一个属性 date，定义属性值为"洗衣机"；然后使用 v-model 指令为单选按钮绑定 pick 属性，当单选按钮选中后，pick 的值等于 a 的属性值。

【例 7.10】动态绑定单选框的值（源代码\ch07\7.10.html）。

```
<div id="app">
    <input type="radio"  v-model="pick" v-bind:value="date">
    <span>{{ pick}}</span>
</div>
<!--引入vue文件-->
<script src="https://unpkg.com/vue@next"></script>
<script>
    //创建一个应用程序实例
    const vm = Vue.createApp({
        //该函数返回数据对象
        data(){
          return{
            date:'苹果 ',
            pick:'未选择'
          }
        }
    }).mount('#app');
</script>
```

在谷歌浏览器中运行程序，如图 7-14 所示；选中单选按钮，将显示其 value 值，效果如图 7-15 所示。

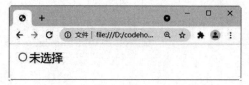

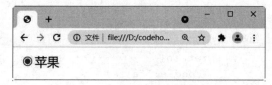

图 7-14　单选按钮未选中效果　　　　　　图 7-15　单选按钮选中效果

7.7.3　选择框的选项

在下面示例中，定义了 4 个 option 选项，并使用 v-bind 进行绑定。

【例 7.11】动态绑定选择框的选项（源代码\ch07\7.11.html）。

```
<div id="app">
    <select v-model="selected" multiple>
        <option v-bind:value="{ name: '苹果'}">A</option>
        <option v-bind:value="{ name: '香蕉' }">B</option>
        <option v-bind:value="{ name: '菠萝' }">C</option>
        <option v-bind:value="{ name: '橘子' }">D</option>
    </select>
    <p><span>{{ selected }}</span></p>
</div>
<!--引入vue文件-->
<script src="https://unpkg.com/vue@next"></script>
<script>
```

```
    //创建一个应用程序实例
    const vm = Vue.createApp({
        //该函数返回数据对象
        data(){
          return{
            selected:[]
          }
        }
    }).mount('#app');
</script>
```

在谷歌浏览器中运行程序，选中 B 和 C 选项，在 p 标签中将显示相应的 name 值，如图 7-16 所示。

图 7-16　动态绑定选择框的选项

7.8　修饰符

对于 v-model 指令，还有 3 个常用的修饰符：lazy、number 和 trim。下面分别来看一下。

7.8.1　lazy

在输入框中，v-model 默认是同步数据，使用 lazy 会转变为在 change 事件中同步，也就是在失去焦点或者按下回车键时才更新。

【例 7.12】lazy 修饰符（源代码\ch07\7.12.html）。

```
<div id="app">
    <input v-model.lazy="message">
    <p>{{ message }}</p>
</div>
<!--引入 vue 文件-->
<script src="https://unpkg.com/vue@next"></script>
<script>
    //创建一个应用程序实例
    const vm= Vue.createApp({
        //该函数返回数据对象
        data(){
          return{
            message:'',
```

```
        }
      }
      //在指定的 DOM 元素上装载应用程序实例的根组件
    })).mount('#app');
</script>
```

在谷歌浏览器中运行程序，输入"惟有黄花不负秋"，如图 7-17 所示；失去焦点或者按下回车键后将会同步数据，结果如图 7-18 所示。

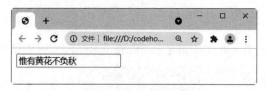

图 7-17　输入数据

图 7-18　失去焦点后同步数据

7.8.2　number

number 修饰符可以将输入的值转化为 Number 类型，否则虽然输入的是数字，但它的类型其实是 String，在数字输入框中比较有用。

如果想自动将用户的输入值转为数值类型，可以给 v-model 添加 number 修饰符。

这通常很有用，因为即使在 type="number"时，HTML 输入元素的值也总会返回字符串。如果这个值无法被 parseFloat()解析，则会返回原始的值。

【例 7.13】number 修饰符（源代码\ch07\7.13.html）。

```html
<div id="app">
        <p>.number 修饰符</p>
        <input type="number" v-model.number="val">
        <p>数据类型是：{{ typeof(val) }}</p>
</div>
<!--引入 vue 文件-->
<script src="https://unpkg.com/vue@next"></script>
<script>
    //创建一个应用程序实例
    const vm= Vue.createApp({
        //该函数返回数据对象
        data(){
          return{
            val:''
            }
        }
        //在指定的 DOM 元素上装载应用程序实例的根组件
    })).mount('#app');
</script>
```

在谷歌浏览器中运行程序，输入"88999"，由于使用了 number 修饰符，所以显示的数据类型为 number 类型，如图 7-19 所示。

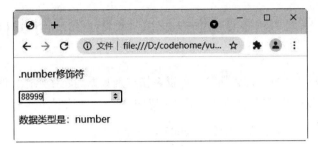

图 7-19　number 修饰符

7.8.3　trim

如果要自动过滤用户输入的首尾空格，可以给 v-model 添加 trim 修饰符。

【例 7.14】trim 修饰符（源代码\ch07\7.14.html）。

```
<div id="app">
    <p>.trim 修饰符</p>
    <input type="text" v-model.trim="val">
    <p>val 的长度是：{{ val.length }}</p>
</div>
<!--引入 vue 文件-->
<script src="https://unpkg.com/vue@next"></script>
<script>
    //创建一个应用程序实例
    const vm= Vue.createApp({
        //该函数返回数据对象
        data(){
          return{
            val:''
            }
          }
        //在指定的 DOM 元素上装载应用程序实例的根组件
    }).mount('#app');
</script>
```

在谷歌浏览器中运行程序，在 input 中输入"　　　惟有黄花 88@#%99　　　"，在其前后设置许多空格，可以看到 val 的长度为 11，不会因为添加空格而改变 val，效果如图 7-20 所示。

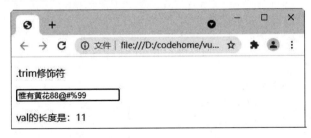

图 7-20　trim 修饰符

7.9　项目实训——设计用户注册页面

使用 Vue 设计用户注册页面比较简单，可以轻松实现数据的转化操作。通过使用 v-model 指令对表单数据自动收集，从而能轻松实现表单输入和应用状态之间的双向绑定。

【例 7.15】设计用户注册页面（源代码\ch07\7.15.html）。

```html
<div id="app">
    <form @submit.prevent="handleSubmit">
        <span>用户名称:</span>
        <input type="text" v-model="user.userName"><br>
        <span>用户密码:</span>
        <input type="password" v-model="user.pwd"><br>
        <span>性别:</span>
        <input type="radio" id="female" value="female" v-model="user.gender">
        <label for="female">女</label>
        <input type="radio" id="male" value="male" v-model="user.gender">
        <label for="male">男</label><br>
        <span>喜欢的技术: </span>
        <input type="checkbox" id="basketball" value="basketball" v-model="user.hobbys">
        <label for="java">Java 开发</label>
        <input type="checkbox" id="football" value="football" v-model="user.hobbys">
        <label for="python">Python 开发</label>
        <input type="checkbox" id="pingpang" value="pingpang" v-model="user.hobbys">
        <label for="php">PHP 开发</label><br>
        <span>就业城市: </span>
        <select v-model="user.selCityId">
            <option value="">未选择</option>
            <option v-for="city in citys" :value="city.id">{{city.name}}</option>
        </select><br>
        <span>介绍:</span><br>
        <textarea rows="5" cols="30" v-model="user.desc"></textarea><br>
        <input type="submit" value="注册">
    </form>
</div>
<!--引入 vue 文件-->
<script src="https://unpkg.com/vue@next"></script>
<script>
    //创建一个应用程序实例
    const vm= Vue.createApp({
        //该函数返回数据对象
        data(){
         return{
            user:{
                userName:'',
```

```
                    pwd:'',
                    gender:'female',
                    hobbys:[],
                    selCityId:'',
                    desc:''
                },
                citys:[{id:01,name:"北京"},{id:02,name:"上海"},{id:03,name:"广州
"}],
            }
        },
        methods:{
            handleSubmit(event){
                console.log(JSON.stringify(this.user));
            }
        }
        //在指定的 DOM 元素上装载应用程序实例的根组件
    }).mount('#app');
</script>
```

在谷歌浏览器中运行程序，输入注册信息后，单击"注册"按钮，按 F12 键打开控制台，并切换到"Console"选项，可以看到用户的注册信息，如图 7-21 所示。

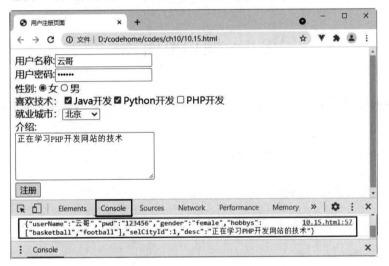

图 7-21　设计用户注册页面

第8章

精通监听器

如果一些数据需要随着其他数据的变化而变动，可以使用 Vue 提供的监听器来实现。通过监听器，Vue 可以观察和响应 Vue 实例上的数据变化。虽然监听器和计算属性有点类似，但是应用场景却有很大的区别。本章将重点学习监听器的使用方法。

8.1　使用监听器

监听器在 Vue 实例的 watch 选项中定义。它包括两个参数，第一个参数是监听数据的新值，第二个是旧值。

【例 8.1】使用监听器（源代码\ch08\8.1.html）。

```
<div id="app">
    <p>商品的单价是 600 元每件</p>
    商品数量: <input type="text" v-model="amount">件<br >
    商品总价: <input type="text" v-model="total">元
</div>
<!--引入 vue 文件-->
<script src="https://unpkg.com/vue@next"></script>
<script>
    //创建一个应用程序实例
    const vm= Vue.createApp({
        //该函数返回数据对象
        data(){
          return{
            amount:0,
            total:0
          }
        },
        watch:{
          amount(val) {
```

```
            this.total = val * 600;
        },
        // 监听器函数也可以接受两个参数，val 是当前值，oldVal 是改变之前的值
        total(val, oldVal) {
            this.amount = val / 600;
        }
    }
    //在指定的 DOM 元素上装载应用程序实例的根组件
}).mount('#app');
</script>
```

代码中编写了两个监听器，分别监听数据属性 amount 和 total 的变化，当其中一个数据属性的值发生变化时，对应的监听器就会被调用，经过计算后更新一个数据的值。

在谷歌浏览器中运行程序，结果如图 8-1 所示。

图 8-1　监听属性值的变化

监听器是一个对象，以 key-value 的形式表示。key 是需要监听的表达式，value 是对应的回调函数。value 也可以是方法名，或者包含选项的对象。Vue 实例将会在实例化时调用$watch()，遍历 watch 对象的每一个属性。当差值数据变化时，执行异步或开销较大的操作时，可以通过采用监听器的方式来达到目的。

8.2　监听方法和对象

在定义监听器时，不仅可以直接写一个监听处理函数，还可以接收一个加字符串形式的方法名，或者监听一个对象的属性变化。

8.2.1　监听方法

在使用监听器的时候，可以接收一个加字符串形式的方法名，方法在 methods 选项中定义。

【例 8.2】使用监听器方法（源代码\ch08\8.2.html）。

```
<div id = "app">
    请输入今日口令：<input type = "text" v-model="password">
    <p v-if="info">{{info}}</p>
</div>
<script src="https://unpkg.com/vue@next"></script>
<script>
```

```
        const vm = Vue.createApp({
            data() {
                return {
                    password: '',
                    info: ''
                }
            },
            methods: {
                checkpassword(){
                    if(this.password == '鸡肋')
                        this.info = '恭喜您！口令正确！';
                    else
                            this.info = '很遗憾！口令不正确！';
                }
            },
            watch : {
                password: 'checkpassword'
            }
        }).mount('#app');
</script>
```

在示例中监听了 passoword 属性，后面直接加上字符串形式的方法名 checkpassword，最后在页面中使用 v-model 指令绑定 password 属性。

在谷歌浏览器中运行程序，输入正确口令"鸡肋"，结果如图 8-2 所示。

图 8-2　监听方法

8.2.2　监听对象

当监听器监听一个对象时，使用 handler 定义当数据变化时调用的监听器函数，还可以设置 deep 和 immediate 属性。

deep 属性在监听对象属性变化时使用，该选项的值为 true，表示无论该对象的属性在对象中的层级有多深，只要该属性的值发生变化，都会被监测到。

监听器函数在初始渲染时并不会被调用，只有在后续监听的属性发生变化时才会被调用；如果要监听器函数在监听开始后立即执行，可以使用 immediate 选项，将其值设置为 true。

【例 8.3】监听对象（源代码\ch08\8.3.html）。

```
<div id="app">
    用户名称：<input type="text" v-model="user.name"><br />
```

```
        用户密码: <input type="text" v-model="user.price">
    <p>{{info}}</p>
</div>
<!--引入 vue 文件-->
<script src="https://unpkg.com/vue@next"></script>
<script>
    //创建一个应用程序实例
    const vm= Vue.createApp({
        //该函数返回数据对象
        data(){
          return{
            info:'',
            user: {
                name: '',
                price:''
            }
          }
        },
        watch: {
            user:{
                //该回调函数在 user 对象的属性改变时被调用
                handler: function(newValue,oldValue){
                    if(newValue.name=='风云天下' && newValue.price=='a123456'){
                        this.info="用户名和密码验证成功！";
                    }
                    else{
                        this.info="用户名或密码验证失败！";
                    }
                },
                //设置为 true，无论属性被嵌套多深，改变时都会调用 handler 函数
                deep:true
            }
        }
    //在指定的 DOM 元素上装载应用程序实例的根组件
    }).mount('#app');
</script>
```

在谷歌浏览器中运行程序，输入正确的用户名和密码后，结果如图 8-3 所示；用户名或密码有一个不正确时，结果如图 8-4 所示。

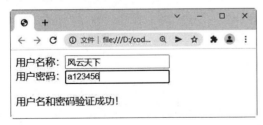

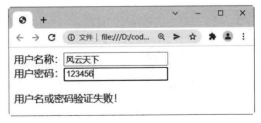

图 8-3　输入正确的用户名和密码　　　　图 8-4　用户名或密码有一个不正确时

从上面示例可以发现，页面初始化时监听器不会被调用，只有在监听的属性发生变化时，才会

被调用；如果要让监听器函数在页面初始化时执行，可以使用 immediate 选项，将其值设置为 true。在上面示例代码中的 deep:true 后面加入：

```
//设置为true，无论属性被嵌套多深，改变时都会调用handler函数
deep:true,
//页面初始化时执行handler函数
immediate:true
```

此时在谷歌浏览器中运行程序，可以发现，虽然没有改变属性值，但也调用了回调函数，显示了"用户名或密码验证失败！"，如图 8-5 所示。

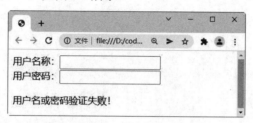

图 8-5　immediate 选项的作用

在上面的示例中，使用 deep 属性深入监听，监听器会一层层地往下遍历，给对象的所有属性都加上这个监听器，修改对象里面任何一个属性，都会触发监听器里的 handler 函数。

在实际开发过程中，用户很可能只需要监听对象中的某几个属性，设置 deep:true 之后，就会增大程序性能的开销。这里可以直接监听想要监听的属性，例如修改上面示例，只监听 score 属性。

【例 8.4】监听器对象的单个属性（源代码\ch08\8.4.html）。

```
<div id="app">
    水果的价格：<input type="text" v-model="goods.price">
    <p>{{pess}}</p>
</div>
<!--引入vue文件-->
<script src="https://unpkg.com/vue@next"></script>
<script>
    //创建一个应用程序实例
    const vm= Vue.createApp({
        //该函数返回数据对象
        data(){
          return{
            pess:'',
            fruits: {
                name:'',
                price:0,
                city:''
            }
          }
        },
        watch: {
          //只监听fruits对象的price属性
          'fruits.price':{
```

```
        handler: function(newValue,oldValue){
            if(newValue >= 20){
                this.pess="此水果的价格有点贵了！";
            }
            else{
                this.pess="此水果的价格经济实惠！";
            }
        },
        //设置为 true，无论属性被嵌套多深，改变时都会调用 handler 函数
        deep:true
    }
}
//在指定的 DOM 元素上装载应用程序实例的根组件
}).mount('#app');
</script>
```

在谷歌浏览器中运行程序，在输入框中输入"21"，结果如图 8-6 所示；在输入框中输入"19"，结果如图 8-7 所示。

图 8-6　输入"21"的效果

图 8-7　输入"19"的效果

8.3　实例方法$watch

除了使用数据选项中的 watch 方法以外，还可以使用实例对象的$watch 方法，该方法的返回值是一个取消观察函数，用来停止触发回调。

【例 8.5】使用实例方法$watch（源代码\ch08\8.5.html）。

```
<div id="app">
    <button @click="a++">a 加 1</button>
    <p>{{ message }}</p>
</div>
<!--引入 vue 文件-->
<script src="https://unpkg.com/vue@next"></script>
<script>
    //创建一个应用程序实例
    const vm= Vue.createApp({
        //该函数返回数据对象
        data(){
          return{
                a: 10,
                message:''
```

```
        }
    }
    //在指定的 DOM 元素上装载应用程序实例的根组件
}).mount('#app');
var unwatch = vm.$watch('a',function(val, oldVal){
    if(val === 20){
        unwatch();
    }
    this.message = 'a 的旧值为' + oldVal + ', 新值为' + val;
})
</script>
```

在上面的代码中，不停地单击"a 加 1"按钮，a 的值会增加。当 a 的值更新到 20 时，触发 unwatch()
来取消观察。再次单击该按钮时，a 的值仍然会变化，但是不再触发 watch 的回调函数。运行结果如
图 8-8 所示。

图 8-8　使用实例方法$watch

8.4　项目实训——使用监听器设计购物车效果

下面示例使用监听器设计购物车效果，大致需要满足以下需求：

（1）用户可以在购物车选择或取消商品，可以修改商品的数量。

（2）用户可以在购物车中删除不需要的商品。

（3）对购物车数据进行监听，设置不同的商品和数量后，会显示商品的种类数和商品总价。

【例 8.6】设计购物车效果（源代码\ch08\8.6.html）。

```
<style>
    *{
        margin: 0px;
        padding: 0px;
        box-sizing: border-box;
    }
    .shop-car{
        margin-left: 20px;
        margin-top: 20px1;
    }
    table{
        * text-align: center; */
        /* align-content: center; */
```

```
            }
            tr>td:first-child{
                text-align: center;
            }
            .info{
                display: flex;
                flex-direction: row;
                align-items: center;
            }
            .info-right{
                height: 80px;
                display: flex;
                flex-direction: column;
                justify-content: space-between;
            }
            .img-left>img{
                width: 100px;
            }
            .steper{
                margin: 0px 20px;
            }
            .steper>input[type="button"]{
                width:30px;
            }
            .steper>span{
                display: inline-block;
                width: 20px;
                text-align: center;
            }
    </style>
    </head>
    <body>
    <div class="shop-car" id='app'>
        <div class="count-custom">
            全部商品 {{count}}
        </div>
        <table border="1" cellspacing="0" cellpadding="10">
            <tr>
                <th><input type="checkbox" name="" id="checkAll" value="" @click="
checkAll"/>全部</th>
                <th>商品</th>
                <th>单价（元）</th>
                <th>数量</th>
                <th>操作</th>
                </tr>
            <tr v-for="item in goods" :key="item.id">
                <td><input type="checkbox" name=""  class="checked"id="" value=""
@click="checked()"/></td>
                <td>
                    <div class="info">
```

```html
                        <div class="img-left">
                            <img :src="item.img" >
                        </div>
                        <div class="info-right">
                            <p class="name">{{item.name}}</p>
                            <p class="cun">{{item.pack}}</p>
                            <p class="weight">{{item.weight}}</p>
                        </div>
                    </div>
                </td>
                <td>
                    {{item.price}}
                </td>
                <td>
                    <div class="steper">
                        <input type="button" class="opts" id="" value="-" @click="options(-1,item.id)" />
                        <span>{{item.num}}</span>
                        <input type="button" name="" @click="options(+1,item.id)" value="+" />
                    </div>
                </td>
                <td><a href="#" @click="del(item.id)">删除</a></td>
            </tr>
            <tr>
                <td colspan="5" style="text-align: center;">统计:{{countPrice}}元</td>
            </tr>
        </table>
    </div>
    <!--引入vue文件-->
    <script src="https://unpkg.com/vue@next"></script>
    <script>
        //创建一个应用程序实例
        const vm= Vue.createApp({
            //该函数返回数据对象
            data(){
              return{
                    count:0,
                  countPrice:0,
                  goods:[
                  {id:0,name:"红心猕猴桃现摘",pack:"礼盒装",weight:"5公斤",price:"138.00",img:"./images/01.jpg",num:1},
                        {id:1,name:"新疆库尔勒香梨",pack:"礼盒装",weight:"4公斤",price:"98.00",img:"./images/02.jpg",num:1},
                        {id:2,name:"湖北新鲜当季橙子",pack:"礼盒装",weight:"5公斤",price:"59.00",img:"./images/03.jpg",num:1},
                    ]
                }
            },
            methods:{
```

```javascript
//全选
    checkAll(){
        var checkAll=document.getElementById("checkAll");
        var checkeds=document.getElementsByClassName("checked")
        if(checkAll.checked==true){
            for(var i=0;i<checkeds.length;i++){
                checkeds[i].checked=true
            }
        }
        this.countPrices()
    },
    checked(status){
        var checkAll=document.getElementById("checkAll");
        var checkeds=document.getElementsByClassName("checked")
        console.log(checkeds)
        for (var i=0;i<checkeds.length;i++){
            if(checkeds[i].checked==false){
                checkAll.checked=false
                return false
            }
            checkAll.checked=true;
        }
        this.countPrices()
    },
    options(value,id){
        let goods=this.goods;
        var newGoods=goods.map((item,index,arr)=>{
            if(item.id==id){
                item.num=item.num+value;
                this.butonStatus()
            }
            return item;
        })
        this.goods=newGoods
        this.countPrices()
    },
    //计算价格
    countPrices(){
        var countPrice=0;
        console.log(this.goods)
        var goods=this.goods
        var checkAll=document.getElementById("checkAll");
        var checkeds=document.getElementsByClassName("checked")
        console.log(checkeds)
        for (var i=0;i<checkeds.length;i++){
            if(checkeds[i].checked==true){
                countPrice+=goods[i].price*goods[i].num
            }
        }
        this.countPrice=countPrice
```

```
                console.log(countPrice)
            },
            //删除
            del(id){
                console.log(id)
                var goods=this.goods;
                var newGoods=goods.map((item,index,arr)=>{
                    if(item.id==id){
                        return arr.splice(index,1)
                    }
                })
            },
            butonStatus(){
                var opts=document.getElementsByClassName("opts")
                var goods=this.goods;
                var newGoods=goods.map((item,index)=>{
                    if(item.num<2){
                        console.log(index)
                        opts[index].disabled=true
                    }else{
                        opts[index].disabled=false
                    }
                })
            }
        },
        mounted(){
            this.count=this.goods.length;//获取添加购物车商品的数量
            this.butonStatus(); //这里判断"-"号按钮是否可用
        }
    //在指定的DOM元素上装载应用程序实例的根组件
    }).mount('#app');
</script>
```

在谷歌浏览器中运行程序，选择商品和数量后，即可自动计算商品总价，结果如图8-9所示。

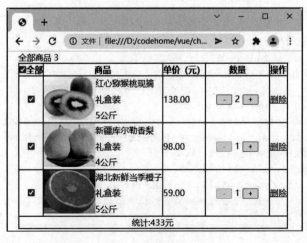

图 8-9 购物车效果

第9章

事件处理

使用 v-on 指令可以监听 DOM 事件,从而触发一些 JavaScript 代码,以实现需要的功能。本章将详细讲解 Vue 实现绑定事件的方法,通过本章的学习,可以更加深入地掌握 Vue 中事件处理的技巧。

9.1　监听事件

事件其实就是在程序运行当中可以调用方法,以改变对应的内容。下面先来看一个简单的示例。

```
<div id="app">
    <p>商品的总价为:{{ num }}元</p>
</div>
<!--引入 vue 文件-->
<script src="https://unpkg.com/vue@next"></script>
<script>
    //创建一个应用程序实例
    const vm= Vue.createApp({
        //该函数返回数据对象
        data(){
          return{
            num:1000
            }
        }
        //在指定的 DOM 元素上装载应用程序实例的根组件
    }).mount('#app');
</script>
```

运行的结果为"商品的总价为:1000 元"。在上面的示例中,如果想要改变商品的总价,就可以通过事件来完成。

在 JavaScript 中可以使用的事件,在 Vue.js 中也都可以使用。使用事件时,需要 v-on 指令监听

DOM 事件。在上面示例中添加两个按钮，当单击按钮时增加或减少商品的总价。

【例 9.1】添加两个单击事件（源代码\ch09\9.1.html）。

```html
<div id="app">
    <button v-on:click="num--">减少 1 元</button>
    <button v-on:click="num++">增加 1 元</button>
    <p>商品的总价为:{{ num }}元</p>
</div>
<!--引入 vue 文件-->
<script src="https://unpkg.com/vue@next"></script>
<script>
    //创建一个应用程序实例
    const vm= Vue.createApp({
        //该函数返回数据对象
        data(){
          return{
            num:1000
          }
        }
        //在指定的 DOM 元素上装载应用程序实例的根组件
    }).mount('#app');
</script>
```

在谷歌浏览器中运行程序，多次单击"增加 1 元"按钮，商品的总价会不断增长，结果如图 9-1 所示。

图 9-1　单击事件

9.2　事件处理方法

上一节的示例是直接操作属性，但在实际的项目开发中，是不可能直接对属性进行操作的。例如，在上面的示例中，如果想要单击一次按钮，商品的总价增加或减少 100 元，怎么处理呢？

许多事件处理逻辑会更为复杂，所以直接把 JavaScript 代码写在 v-on 指令中是不可行的。在 Vue 中，v-on 还可以接收一个需要调用的方法名称，可以在方法中来完成复杂的逻辑。下面示例在方法中来实现单击按钮增加或减少 100 元的操作。

【例 9.2】事件处理方法（源代码\ch09\9.2.html）。

```html
<div id="app">
    <button v-on:click="add">增加 100 元</button>
```

```
    <button v-on:click="reduce">减少 100 元</button>
    <p>商品的总价为:{{ num }}元</p>
</div>
<!--引入 vue 文件-->
<script src="https://unpkg.com/vue@next"></script>
<script>
    //创建一个应用程序实例
    const vm= Vue.createApp({
        //该函数返回数据对象
        data(){
          return{
            num:1000
          }
        },
        methods:{
            add:function(){
                this.num+=100
            },
            reduce:function(){
                this.num-=100
            }
        }
    //在指定的 DOM 元素上装载应用程序实例的根组件
    }).mount('#app');
</script>
```

在谷歌浏览器中运行程序，单击"增加 100 元"按钮，商品的总价就增加 100 元，结果如图 9-2 所示。

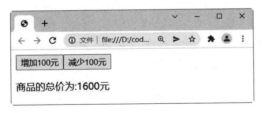

图 9-2 事件处理方法

提示："v-on:"可以使用"@"代替，例如下面代码：

```
<button @click="reduce">减少 100 元</button>
<button @click="add">增加 100 元</button>
```

"v-on:"和"@"作用是一样的，可以根据自己的习惯进行选择。

这样就把逻辑代码写到了方法中。相对于上面示例，还可以通过传入参数来实现，在调用方法时，传入想要增加或减少的数量，在 Vue 中定义一个 change 参数来接收。

【例 9.3】事件处理方法的参数（源代码\ch09\9.3.html）。

```
<div id="app">
    <button v-on:click="add(1000)">增加 1000 元</button>
    <button v-on:click="reduce(1000)">减少 1000 元</button>
```

```
    <p>商品的总价为:{{ num }}元</p>
</div>
<!--引入 vue 文件-->
<script src="https://unpkg.com/vue@next"></script>
<script>
    //创建一个应用程序实例
    const vm= Vue.createApp({
        //该函数返回数据对象
        data(){
          return{
            num:10000
          }
        },
        methods:{
            //在方法中定义一个参数 change，接受 HTML 中传入的参数
            add:function(change){
                this.num +=change
            },
            reduce:function(change){
                this.num -=change
            }
        }
        //在指定的 DOM 元素上装载应用程序实例的根组件
    }).mount('#app');
</script>
```

在谷歌浏览器中运行程序，单击"增加 1000 元"按钮，商品的总价就增加 1000 元，多次单击按钮后的结果如图 9-3 所示。

图 9-3　事件处理方法的参数

对于定义的方法，多个事件都可以调用。例如，下面示例在上面示例的基础上，再添加 2 个按钮，分别添加双击事件，并调用 add()和 reduce()方法。单击事件传入参数 1000，双击事件传入参数 2000，在 Vue 中使用 change 进行接收。

【例 9.4】多个事件调用一个方法（源代码\ch09\9.4.html）。

```
<div id="app">
    <div>单击:
        <button v-on:click="add(1000)">增加 1000 元</button>
        <button v-on:click="reduce(1000)">减少 1000 元</button>
    </div>
    <p>商品的总价为:{{ num }}元</p>
```

```html
    <div>双击:
        <button v-on:dblclick="add(2000)">增加 2000 元</button>
        <button v-on:dblclick="reduce(2000)">减少 2000 元</button>
    </div>
</div>
<!--引入 vue 文件-->
<script src="https://unpkg.com/vue@next"></script>
<script>
    //创建一个应用程序实例
    const vm= Vue.createApp({
        //该函数返回数据对象
        data(){
          return{
            num:10000
          }
        },
        methods:{
            add:function(change){
                this.num+=change
            },
            reduce:function(change){
                this.num-=change
            }
        }
        //在指定的 DOM 元素上装载应用程序实例的根组件
    }).mount('#app');
</script>
```

在谷歌浏览器中运行程序，单击或者双击按钮，商品的总价会随着改变，效果如图 9-4 所示。

图 9-4　多个事件调用一个方法

9.3　事件修饰符

对事件可以添加一些通用的限制。例如添加阻止事件冒泡，Vue 对这种事件的限制提供了特定的写法，称之为修饰符，语法如下：

v-on:事件.修饰符

在事件处理程序中，调用 event.preventDefault()（阻止默认行为）或 event.stopPropagation()（阻

止事件冒泡）是非常常见的需求。尽管可以在方法中轻松实现这一点，但更好的方式是使用纯粹的数据逻辑，而不是去处理 DOM 事件细节。

在 Vue 中，事件修饰符处理了许多 DOM 事件的细节，让我们不再需要花大量的时间去处理这些烦恼的事情，而能有更多的精力专注于程序的逻辑处理。下面分别来看一下每个修饰符的用法。

9.3.1 stop

stop 修饰符用来阻止事件冒泡。在下面的示例中，创建了一个 div 元素，在其内部也创建一个 div 元素，并分别为它们添加单击事件。根据事件的冒泡机制可以得知，当单击内部的 div 元素之后，会扩散到父元素 div，从而触发父元素的单击事件。

【例 9.5】冒泡事件（源代码\ch09\9.5.html）。

```html
<style>
    .outside{
        width: 200px;
        height: 100px;
        border: 1px solid red;
        text-align: center;
    }
    .inside{
        width: 100px;
        height: 50px;
        border:1px solid black;
        margin:15% 25%;
    }
</style>
</head>
<body>
<div id="app">
    <div class="outside" @click="outside">
        <div class="inside" @click ="inside">冒泡事件</div>
    </div>
</div>
<!--引入 vue 文件-->
<script src="https://unpkg.com/vue@next"></script>
<script>
    //创建一个应用程序实例
    const vm= Vue.createApp({
        methods: {
            outside: function () {
                alert("外层 div 的单击事件")
            },
            inside: function () {
                alert("内部 div 的单击事件")
            }
        }
    //在指定的 DOM 元素上装载应用程序实例的根组件
    }).mount('#app');
</script>
```

在谷歌浏览器中运行程序，单击内部 inside 元素，触发自身事件，效果如图 9-5 所示；根据事件的冒泡机制，也会触发外部的 outside 元素，效果如图 9-6 所示。

图 9-5 触发内部元素事件 图 9-6 触发外部元素事件

如果不希望出现事件冒泡，则可以使用 Vue 内置的修饰符 stop 便捷地阻止事件冒泡的产生。因为是单击内部 div 元素后产生的事件冒泡，所以只需要在内部 div 元素的单击事件上加上 stop 修饰符即可。

【例 9.6】使用 stop 修饰符阻止事件冒泡（源代码\ch09\9.6.html）。

修改上面 HTML 对应的代码：

```html
<div id="app">
    <div class="outside" @click="outside">
        <div class="inside" @click.stop="inside">阻止事件冒泡</div>
    </div>
</div>
```

在谷歌浏览器中运行程序，单击内部的 div 之后，将不再触发父元素单击事件，如图 9-7 所示。

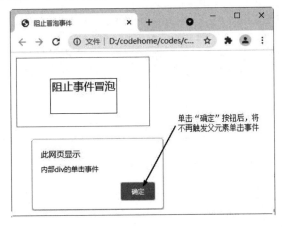

图 9-7 只触发内部元素事件

9.3.2 capture

事件捕获模式与事件冒泡模式是一对相反的事件处理流程，当想要将页面元素的事件流改为事件捕获模式时，只需要在父级元素的事件上使用 capture 修饰符即可。若有多个该修饰符，则由外而内触发。

在下面示例中，创建了 3 个 div 元素，把它们分别嵌套，并添加单击事件。为外层的 2 个 div 元素添加 capture 修饰符。当单击内部的 div 元素时，将从外部向内触发含有 capture 修饰符的 div 元素的事件。

【例 9.7】capture 修饰符（源代码\ch09\9.7.html）。

```
<style>
    .outside{
        width: 300px;
        height: 180px;
        color:white;
        font-size: 30px;
        background: red;
        margin-top: 120px;
    }
    .center{
        width: 200px;
        height: 120px;
        background: #17a2b8;
    }
    .inside{
        width: 100px;
        height: 60px;
        background: #a9b4ba;
    }
</style>
<div id="app">
    <div class="outside" @click.capture="outside">
        <div class="center" @click.capture="center">
            <div class="inside" @click="inside">内部</div>
            中间
        </div>
        外层
    </div>
</div>
<!--引入 vue 文件-->
<script src="https://unpkg.com/vue@next"></script>
<script>
    //创建一个应用程序实例
    const vm= Vue.createApp({
        methods: {
            outside:function(){
                alert("外面的 div")
            },
```

```
            center:function(){
                alert("中间的 div")
            },
            inside: function () {
                alert("内部的 div")
            }
        }
    //在指定的 DOM 元素上装载应用程序实例的根组件
    }).mount('#app');
</script>
```

在谷歌浏览器中运行程序，单击内部的 div 元素，会先触发添加了 capture 修饰符的外层 div 元素，如图 9-8 所示；然后触发中间 div 元素，如图 9-9 所示；最后触发单击的内部元素，如图 9-10 所示。

图 9-8　触发外层 div 元素事件

图 9-9　触发中间 div 元素事件

图 9-10　触发内部 div 元素事件

9.3.3　self

self 修饰符可以理解为跳过冒泡事件和捕获事件，只有直接作用在该元素上的事件，才可以执行。self 修饰符会监视事件是否是直接作用在元素上，若不是，则冒泡跳过该元素。

【例 9.8】self 修饰符（源代码\ch09\9.8.html）。

```
<style>
    .outside{
        width: 300px;
        height: 180px;
        color:white;
        font-size: 30px;
        background: red;
        margin-top: 100px;
    }
    .center{
        width: 200px;
        height: 120px;
        background: #17a2b8;
    }
    .inside{
        width: 100px;
        height: 60px;
        background: #a9b4ba;
    }
</style>
<div id="app">
    <div class="outside" @click="outside">
        <div class="center" @click.self="center">
            <div class="inside" @click="inside">内部</div>
            中间
        </div>
        外层
    </div>
</div>
<!--引入 vue 文件-->
<script src="https://unpkg.com/vue@next"></script>
<script>
    //创建一个应用程序实例
    const vm= Vue.createApp({
        methods: {
            outside: function () {
                alert("外层的 div")
            },
            center: function () {
                alert("中间的 div")
            },
            inside: function () {
                alert("内部的 div")
            }
        }
        //在指定的 DOM 元素上装载应用程序实例的根组件
    }).mount('#app');
</script>
```

在谷歌浏览器中运行程序，单击内部的 div 后，触发该元素的单击事件，效果如图 9-11 所示；由于中间 div 添加了 self 修饰符，并且直接单击该元素，所以会跳过；内部 div 执行完毕，外层的 div 紧接着执行，效果如图 9-12 所示。

图 9-11　触发内部 div 元素事件　　　　　　图 9-12　触发外层 div 元素事件

9.3.4　once

有时候，需要只执行一次的操作。例如，微信朋友圈点赞，这时便可以使用 once 修饰符来完成。once 修饰符还能被用到自定义的组件事件上。

【例 9.9】once 修饰符（源代码\ch09\9.9.html）。

```html
<div id="app">
    <button @click.once="add">点赞 </button>
    <p>文章的点赞数:{{ num }}</p>
</div>
<!--引入 vue 文件-->
<script src="https://unpkg.com/vue@next"></script>
<script>
    //创建一个应用程序实例
    const vm= Vue.createApp({
        //该函数返回数据对象
        data(){
          return{
            num:0
          }
        },
        methods:{
            add:function(){
                this.num +=1
            },
        }
    //在指定的 DOM 元素上装载应用程序实例的根组件
    }).mount('#app');
</script>
```

在谷歌浏览器中运行程序，单击"点赞"按钮，count 值从 100 变成 101，之后，不管再单击多少次，count 的值仍然是 101，效果如图 9-13 所示。

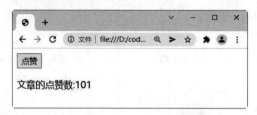

图 9-13 once 修饰符作用效果

9.3.5 prevent

prevent 修饰符用于阻止默认行为，例如<a>标签，当单击标签时，默认行为会跳转到对应的链接，如果添加上 prevent 修饰符将不会跳转到对应的链接。

【例 9.10】prevent 修饰符（源代码\ch09\9.10.html）。

```
<div id="app">
    <div style="margin-top: 100px">
        <a @click.prevent="alert()" href="https://cn.vuejs.org" >阻止跳转</a>
    </div>
</div>
<!--引入 vue 文件-->
<script src="https://unpkg.com/vue@next"></script>
<script>
    //创建一个应用程序实例
    const vm= Vue.createApp({
        methods:{
            alert:function(){
                alert("阻止<a>标签的链接")
            }
        }
        //在指定的 DOM 元素上装载应用程序实例的根组件
    }).mount('#app');
</script>
```

在谷歌浏览器中运行程序，单击"阻止跳转"链接，触发 alert()事件弹出"阻止<a>标签的链接"，效果如图 9-14 所示；然后单击"确定"按钮，可发现页面将不进行跳转。

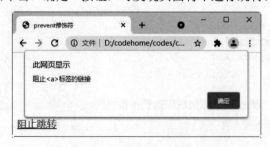

图 9-14 prevent 修饰符

9.3.6 passive

passive 修饰符会告诉浏览器不要阻止事件的默认行为。明明默认执行的行为，为什么还要使用 passive 修饰符呢？原因是浏览器只有等内核线程执行到事件监听器对应的 JavaScript 代码时，才能知道内部是否会调用 preventDefault 函数，来阻止事件的默认行为，所以浏览器本身是没有办法对这种场景进行优化的。这种场景下，用户的手势事件无法快速产生，会导致页面无法快速执行滑动逻辑，从而让用户感觉到页面卡顿。

通俗说就是每次事件产生，浏览器都会去查询一下是否有 preventDefault 阻止该次事件的默认动作。加上 passive 修饰符就是为了告诉浏览器，不用查询了，没有用 preventDefault 阻止默认行为。

提示：不要把 passive 和 prevent 修饰符一起使用，因为 prevent 将会被忽略，同时浏览器可能会显示一个警告。

passive 修饰符一般用在滚动监听、@scoll 和@touchmove 中。因为滚动监听过程中，移动每个像素都会产生一次事件，每次都使用内核线程查询 prevent 会使滑动卡顿。通过 passive 修饰符将内核线程查询跳过，可以大大提升滑动的流畅度。

注意：使用修饰符时，顺序很重要。相应的代码会以同样的顺序产生。因此，用 v-on:click.prevent.self 会阻止所有的单击，而 v-on:click.self.prevent 只会阻止对元素自身的单击。

9.4 按键修饰符

在 Vue 中可以使用以下 3 种键盘事件：

（1）KeyDown：键盘按键按下时触发。
（2）KeyUp：键盘按键抬起时触发。
（3）KeyPress：键盘按键按下抬起间隔期间触发。

在日常的页面交互中，经常会遇到这种需求，例如，用户输入账号和密码后按 Enter 键，以及一个多选筛选条件，通过单击多选框后自动加载符合选中条件的数据。在传统的前端开发中，当碰到这种类似的需求时，往往需要知道 JavaScript 中需要监听的按键所对应的 keyCode，然后通过判断 keyCode 得知用户是按下了哪个按键，继而执行后续的操作。

提示：keyCode 返回 keypress 事件触发的键值的字符代码，或 keydown、keyup 事件的键值代码。

下面来看一个示例，当触发键盘事件时，调用一个方法。在示例中，为两个 input 输入框绑定 keyup 事件，用键盘在输入框输入内容时触发，每次输入内容都会触发并调用 name 或 password 方法。

【例 9.11】触发键盘事件（源代码\ch09\9.11.html）。

```html
<div id="app">
    <label for="name">姓名：</label>
    <input v-on:keyup="name" type="text" id="name">
```

```
        <label for="pass">密码: </label>
        <input v-on:keyup="password" type="password" id="pass">
</div>
<!--引入 vue 文件-->
<script src="https://unpkg.com/vue@next"></script>
<script>
    //创建一个应用程序实例
    const vm= Vue.createApp({
        methods: {
            name:function(){
                console.log("正在输入姓名...")
            },
            password:function(){
                console.log("正在输入密码...")
            }
        }
        //在指定的 DOM 元素上装载应用程序实例的根组件
    }).mount('#app');
</script>
```

在谷歌浏览器里面运行示例，打开控制台，然后在输入框中输入姓名和密码。可以发现，每次输入时，都会调用对应的方法打印内容，如图 9-15 所示。

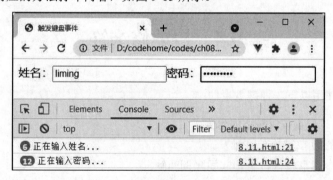

图 9-15　每次输入内容都会触发

在 Vue 中，提供了一种便利的方式去实现监听按键事件。在监听键盘事件时，经常需要查找常见的按键所对应的 keyCode，而 Vue 为最常用的按键提供了绝大多数常用的按键码的别名：

```
.enter
.tab
.delete (捕获"删除"和"退格"键)
.esc
.space
.up
.down
.left
.right
```

对于上面的示例，每次输入都会触发 keyup 事件，有时候不需要每次输入都会触发，例如发 QQ 消息，希望所有的内容都输入完成再发送。这时可以为 keyup 事件添加 enter 按键码，当键盘上的

Enter 键抬起时才会触发 keyup 事件。

例如，修改上面的示例，在 keyup 事件后添加 enter 按键码。

【例 9.12】添加 enter 按键码（源代码\ch09\9.12.html）。

```
<div id="app">
    <label for="name">商品名称：</label>
    <input v-on:keyup.enter="name" type="text" id="name">
</div>
<!--引入 vue 文件-->
<script src="https://unpkg.com/vue@next"></script>
<script>
    //创建一个应用程序实例
    const vm= Vue.createApp({
        methods: {
            name:function(){
                console.log("正在输入商品名称...")
            }
        }
    //在指定的 DOM 元素上装载应用程序实例的根组件
    }).mount('#app');
```

在谷歌浏览器中运行程序，在 input 输入框中输入商品名称"洗衣机"，然后按下 Enter 键，弹起后触发 keyup 方法，打印"正在输入商品名称..."，效果如图 9-16 所示。

图 9-16 按下 Enter 键并弹起时触发

9.5 系统修饰键

可以用如下修饰符来实现仅在按下相应按键时才触发鼠标或键盘事件的监听器。

```
.ctrl
.alt
.shift
.meta
```

注意：系统修饰键与常规按键不同，在和 keyup 事件一起用时，事件触发时修饰键必须处于按下状态。换句话说，只有在按住 Shift 键的情况下释放其他按键，才能触发 keyup.shift。而单单释放 Shift 键也不会触发事件。

【例 9.13】系统修饰键（源代码\ch09\9.13.html）。

```
<div id="app">
    <label for="name">请输入用户的名称：</label>
    <input v-on:keyup.shift.enter="name" type="text" id="name">
</div>
<!--引入 vue 文件-->
<script src="https://unpkg.com/vue@next"></script>
<script>
    //创建一个应用程序实例
    const vm= Vue.createApp({
        methods: {
            name:function(){
                console.log("正在输入用户的名称...")
            }
        }
        //在指定的 DOM 元素上装载应用程序实例的根组件
    }).mount('#app');
</script>
```

在谷歌浏览器中运行程序，在 input 中输入内容后，按下 Enter 键是无法激活 keyup 事件的，首先需要按住 Shift 键一直不放，再按 Enter 键后松开才可以触发，效果如图 9-17 所示。

图 9-17　系统修饰键

9.6　项目实训——处理用户注册信息

本节示例主要在按钮、下拉列表、复选框上添加事件处理，从而实现注册用户时的信息处理。在选择"同意本站协议"复选框之前，"注册"按钮是不可用的。

【例 9.14】处理用户注册信息（源代码\ch09\9.14.html）。

```
<div id="app">
    <p>{{msg}}</p>
    <button v-on:click="handleClick">单击按钮</button>
```

```html
    <button @click="handleClick">单击按钮</button>
    <h5>选择感兴趣技术</h5>
    <select v-on:change="handleChange">
        <option value="red">网站前端技术</option>
        <option value="green">Python 编程技术</option>
        <option value="pink">Java 编程技术</option>
    </select>
    <h5>表单提交</h5>
    <form v-on:submit.prevent="handleSubmit">
        <input type="checkbox"  v-on:click="handleDisabled"/>
        同意本站协议
        <br><br>
        <button :disabled="isDisabled">注册</button>
    </form>
 </div>
<!--引入 vue 文件-->
<script src="https://unpkg.com/vue@next"></script>
<script>
    //创建一个应用程序实例
    const vm= Vue.createApp({
        //该函数返回数据对象
        data(){
          return{
              msg:"注册账户",
              isDisabled:true
          }
        },
          //methods 对象
          methods:{
              //通过 methods 来定义需要的方法
              handleClick:function(){
                  console.log("btn is clicked");
              },
              handleChange:function(event){
                  console.log("选择了某选项"+event.target.value);
              },
              handleSubmit:function(){
                  console.log("触发事件");
              },
              handleDisabled:function(event){
                console.log(event.target.checked);
                  if(event.target.checked==true){
                      this.isDisabled =  false;
                  }
                  else {
                      this.isDisabled =  true;
                  }
              }
          }
        }
    //在指定的 DOM 元素上装载应用程序实例的根组件
```

```
        })).mount('#app');
</script>
```

在谷歌浏览器中运行程序，单击"单击按钮"，选择下拉列表项和选择复选框时，将触发不同的事件，如图 9-18 所示。

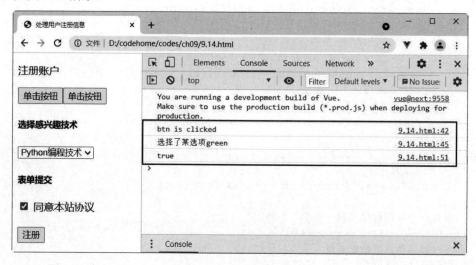

图 9-18 处理用户注册信息

第 10 章

过渡和动画效果

在设计网页的过程中，合理地添加过渡和动画效果，可以提高用户的体验，帮助用户更好地理解页面中的功能。Vue 在插入、更新或者移除 DOM 时，提供多种不同方式的应用过渡和动画效果，包括在 CSS 过渡和动画中自动应用 class、使用第三方动画库、在过渡钩子函数中操作 DOM 等。本章将重点学习创建过渡和动画效果的方法和技巧。

10.1　单元素/组件的过渡和动画

Vue 提供了 transition 的封装组件，可以给元素和组件添加进入/离开的过渡效果。

10.1.1　CSS 过渡

常用的过渡都是使用 CSS 过渡。下面是一个没有使用过渡效果的示例，通过一个按钮控制 p 元素显示和隐藏。

【例 10.1】控制 p 元素显示和隐藏（源代码\ch10\10.1.html）。

```
<div id="app">
    <button v-on:click="show = !show">今日秒杀的商品</button>
    <p v-if="!show">葡萄</p>
    <p v-if="!show">西瓜</p>
    <p v-if="!show">苹果</p>
</div>
<script src="https://unpkg.com/vue@next"></script>
<script>
    const vm= Vue.createApp({
        data(){
          return{
```

```
                show:true
            }
        }
    }).mount('#app');
</script>
```

在谷歌浏览器中运行程序，单击"今日秒杀的商品"按钮后的效果如图 10-1 所示。当单击该按钮时，会发现 p 标签出现或者消失，但没有过渡效果，给用户体验不太友好。

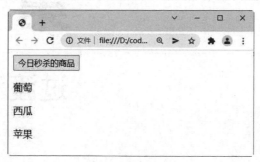

图 10-1　没有过渡效果

可以使用 Vue 的 transition 组件来实现消失或者隐藏的过渡效果。使用 Vue 过渡的时候，首先把过渡的元素添加到 transition 组件中。在 Vue 中，.v-enter-from、.v-leave-to、.v-enter-active 和.v-leave-active 样式是定义动画的过渡样式。

【例 10.2】添加 CSS 过渡效果（源代码\ch10\10.2.html）。

```
<style>
    /*v-enter-active 入场动画的时间段*/
    /*v-leave-active 离场动画的时间段*/
    .v-enter-active, .v-leave-active{
        transition: all .5s ease;
    }
    /*.v-enter-from: 是一个时间点，进入之前，元素的起始状态，此时还没有进入*/
    /*v-leave-to: 是一个时间点，是动画离开之后，离开的终止状态，此时元素动画已经结束*/
    .v-enter-from, .v-leave-to{
        opacity: 0.3;
        transform:translateY(200px);
    }
</style>
<div id="app">
    <button v-on:click="show = !show">宫词</button>
    <transition><p v-if="!show">一声何满子，双泪落君前。</p> </transition>
</div>
<script src="https://unpkg.com/vue@next"></script>
<script>
    const vm= Vue.createApp({
```

```
      data(){
        return{
          show:true
        }
      }
    }).mount('#app');
</script>
```

在谷歌浏览器中运行程序，单击"宫词"按钮，显示效果如图 10-2 所示；再次单击"宫词"按钮，p 元素开始过渡到下侧 200px 的位置，最终透明度为 0.3，如图 10-3 所示。

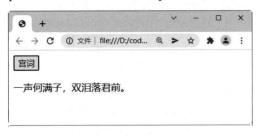

图 10-2　显示内容

图 10-3　过渡效果

10.1.2　过渡的类名

在进入/离开的过渡中，有 6 个 class 切换：

（1）v-enter：定义进入过渡的开始状态。在元素被插入之前生效，在元素被插入之后的下一帧移除。

（2）v-enter-to：定义进入过渡的结束状态。在元素被插入之后下一帧生效（与此同时 v-enter 被移除），在过渡/动画完成之后移除。

（3）v-enter-active：定义进入过渡生效时的状态。在整个进入过渡的阶段中应用，在元素被插入之前生效，在过渡/动画完成之后移除。这个类可以被用来定义进入过渡的过程时间、延迟和曲线函数。

（4）v-leave：定义离开过渡的开始状态。在离开过渡被触发时立刻生效，下一帧被移除。

（5）v-leave-to：定义离开过渡的结束状态。在离开过渡被触发之后下一帧生效（与此同时 v-leave 被删除），在过渡/动画完成之后移除。

（6）v-leave-active：定义离开过渡生效时的状态。在整个离开过渡的阶段中应用，在离开过渡被触发时立刻生效，在过渡/动画完成之后移除。这个类可以被用来定义离开过渡的过程时间、延迟和曲线函数。

一个过渡效果包括两个阶段，一个是进入动画（Enter），另一个是离开动画（Leave）。

进入动画包括 v-enter 和 v-enter-to 两个时间点和 v-enter-active 一个时间段。离开动画包括 v-leave 和 v-leave-to 两个时间点和 v-leave-active 一个时间段。具体如图 10-4 所示。

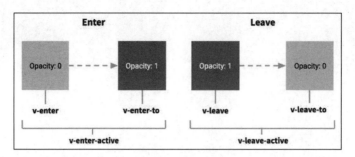

图 10-4　过渡动画的时间点

定义过渡时，首先使用 transition 元素，把需要被过渡控制的元素包裹起来，然后自定义两组样式，来控制 transition 内部的元素实现过渡。

在上面示例中，如果再想实现一个上下移动的过渡，该如何实现呢？不可能共用同样的过渡样式。

对于这些在过渡中切换的类名来说，如果使用一个没有名字的<transition>，则 v-是这些类名的默认前缀。上面示例中定义的样式，在所有动画中都是公用的，显然不是我们想要的，transition 有一个 name 属性，可以通过它来修改过渡样式的名称。如果使用了<transition name="my-transition">，那么 v-enter 会替换为 my-transition-enter。这样做的好处就是区分每个不同的过渡和动画。

下面通过一个按钮来触发两个过渡效果，一个从右侧 150px 的位置开始，另一个从下面 200px 的位置开始。

【例 10.3】多个过渡效果（源代码\ch10\10.3.html）。

```
<style>
        .v-enter-active, .v-leave-active {
            transition: all 0.5s ease;
        }
        .v-enter-from, .v-leave-to{
            opacity: 0.2;
            transform:translateX(150px);
        }
        .my-transition-enter-active, .my-transition-leave-active {
            transition: all 0.8s ease;
        }
        .my-transition-enter, .my-transition-leave-to{
            opacity: 0.2;
            transform:translateY(200px);
        }
    </style>
<div id="app">
    <button v-on:click="show = !show">
        正月三日闲行
    </button>
    <transition>
        <p v-if="!show">鸳鸯荡漾双双翅，杨柳交加万万条。</p>
    </transition>
    <transition name="my-transition">
```

```
        <p v-if="!show">借问春风来早晚，只从前日到今朝。</p>
    </transition>
</div>

<script src="https://unpkg.com/vue@next"></script>
<script>
    const vm= Vue.createApp({
        //该函数返回数据对象
        data(){
          return{
            show:true
          }
        }
    }).mount('#app');
</script>
```

在谷歌浏览器中运行程序，单击"正月三日闲行"按钮，显示内容如图 10-5 所示；再次单击"正月三日闲行"按钮，触发两个过渡效果，如图 10-6 所示。

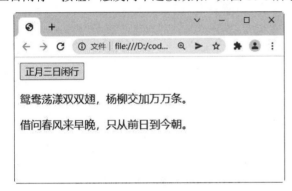

图 10-5　显示内容　　　　　　　　　　图 10-6　多个过渡效果

10.1.3　CSS 动画

CSS 动画用法同 CSS 过渡差不多，区别是，在动画中 v-enter 类名在节点插入 DOM 后不会立即删除，而是在 animationend 事件触发时删除。

【例 10.4】CSS 动画（源代码\ch10\10.4.html）。

```
<style>
    /*进入动画阶段*/
    .my-enter-active {
        animation: my-in .5s;
    }
    /*离开动画阶段*/
    .my-leave-active {
        animation: my-in .5s reverse;
    }
    /*定义动画 my-in*/
    @keyframes my-in {
```

```
        0% {
            transform: scale(0);
        }
        50% {
            transform: scale(1.5);
        }
        100% {
            transform: scale(1);
        }
    }
    </style>
<div id="app">
    <button @click="show = !show">小松</button>
    <transition name="my">
        <p v-if="show">时人不识凌云木，直待凌云始道高。</p>
    </transition>
</div>
<script src="https://unpkg.com/vue@next"></script>
<script>
    const vm= Vue.createApp({
        //该函数返回数据对象
        data(){
          return{
            show:true
          }
        }
    }).mount('#app');
</script>
```

在谷歌浏览器中运行程序，单击"小松"按钮，触发 CSS 动画，效果如图 10-7 所示。

图 10-7　CSS 动画效果

10.1.4　自定义过渡的类名

可以通过以下 attribute 来自定义过渡类名：

（1）enter-class

（2）enter-active-class

（3）enter-to-class

（4）leave-class

（5）leave-active-class

（6）leave-to-class

它们的优先级高于普通的类名，这对于 Vue 的过渡系统和其他第三方 CSS 动画库，如 Animate.css 结合使用十分有用。

下面示例在 transition 组件中使用 enter-active-class 和 leave-active-class 类，结合 animate.css 动画库来实现动画效果。

【例 10.5】自定义过渡的类名（源代码\ch10\10.5.html）。

```
<link href="https://cdn.jsdelivr.net/npm/animate.css@3.5.1" rel="stylesheet"
type="text/css">
<div id="app">
    <button @click="show = !show">古诗欣赏 </button>
<!--enter-active-class:控制动画的进入-->
<!-- leave-active-class:控制动画的离开-->
<!--animated 类似于全局变量，它定义了动画的持续时间；-->
    <transition
            enter-active-class="animated bounceInUp"
            leave-active-class="animated slideInRight"  >
        <p v-if="show">人生到处知何似，应似飞鸿踏雪泥。</p>
    </transition>
</div>
<script src="https://unpkg.com/vue@next"></script>
<script>
    const vm= Vue.createApp({
        data(){
          return{
            show:true
          }
        }
    }).mount('#app');
</script>
```

在谷歌浏览器运行程序，单击“古诗欣赏”按钮，触发进入动画，效果如图 10-8 所示；再次单击“古诗欣赏”按钮，触发离开动画，效果如图 10-9 所示。

图 10-8　进入动画效果

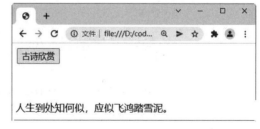

图 10-9　离开动画效果

10.1.5　动画的 JavaScript 钩子函数

可以在<transition>组件中声明 JavaScript 钩子，它们以属性的形式存在。例如下面代码：

```
<transition
        进入动画钩子函数
```

```
:before-enter 表示动画入场之前，此时动画还未开始，可以在其中设置元素开始动画之前的起始样式
        v-on:before-enter="beforeEnter"
:enter 表示动画，开始之后的样式，可以设置完成动画的结束状态
        v-on:enter="enter"
:after-enter 表示动画完成之后的状态
        v-on:after-enter="afterEnter"
:enter-cancelled 用于取消开始动画
        v-on:enter-cancelled="enterCancelled"
        离开动画钩子函数，离开动画和进入动画钩子函数说明类似
        v-on:before-leave="beforeLeave"
        v-on:leave="leave"
        v-on:after-leave="afterLeave"
        v-on:leave-cancelled="leaveCancelled"
>
    <!-- ... -->
</transition>
```

然后，在 Vue 实例的 methods 选项中定义钩子函数的方法：

```
<script>
    const vm= Vue.createApp({
        data(){
          return{
            show:true
          }
        },
        methods: {
            // 进入中
            beforeEnter: function (el) {
               // ...
            },
            // 当与 CSS 结合使用时
            // 回调函数 done 是可选的
            enter: function (el, done) {
               // ...
               done()
            },
            afterEnter: function (el) {
               // ...
            },
            enterCancelled: function (el) {
               // ...
            },
            // 离开时
            beforeLeave: function (el) {
               // ...
            },
            // 当与 CSS 结合使用时
            // 回调函数 done 是可选的
            leave: function (el, done) {
               // ...
```

```
                done()
            },
            afterLeave: function (el) {
                // ...
            },
            // leaveCancelled 只用于 v-show 中
            leaveCancelled: function (el) {
                // ...
            }
    })).mount('#app');
</script>
```

这些钩子函数可以结合 CSS transitions/animations 使用，也可以单独使用。

提示：当只用 JavaScript 过渡的时候，在 enter 和 leave 中必须使用 done 进行回调。否则，它们将被同步调用，过渡会立即完成。对于仅使用 JavaScript 过渡的元素，推荐添加 v-bind:css="false"，Vue 会跳过 CSS 的检测。这也可以避免过渡过程中 CSS 的影响。

下面使用 velocity.js 动画库结合动画钩子函数来实现一个简单例子。

【例 10.6】 JavaScript 钩子函数（源代码\ch10\10.6.html）。

```
<!--Velocity 和 jQuery.animate 的工作方式类似，也是用来实现 JavaScript 动画的一个很棒
的选择-->
<script src="velocity.js"></script>
<div id="app">
    <button @click="show = !show">登飞来峰</button>
    <transition
            v-on:before-enter="beforeEnter"
            v-on:enter="enter"
            v-on:leave="leave"
            v-bind:css="false"
    >
        <p v-if="show">
            不畏浮云遮望眼，自缘身在最高层。
        </p>
    </transition>
</div>
<script src="https://unpkg.com/vue@next"></script>
<script>
    const vm= Vue.createApp({
        data(){
          return{
            show:false
          }
        },
        methods: {
            //进入动画之前的样式
            beforeEnter: function (el) {
             //注意：动画钩子函数的第一个参数：el 表示
             //要执行动画的那个 DOM 元素，是个原生的 JS DOM 对象
```

```
          //可以认为，el 是通过 document.getElementById('') 方式获取到的原生 JS DO
M 对象
          el.style.opacity = 0;
          el.style.transformOrigin = 'left';
        },
        //进入时的动画
        enter: function (el, done) {
          Velocity(el, { opacity: 1, fontSize: '2em' }, { duration: 300
});
          Velocity(el, { fontSize: '1em' }, { complete: done });
        },
        //离开时的动画
        leave: function (el, done) {
          Velocity(el, { translateX: '15px', rotateZ: '50deg' }, { durati
on: 600 });
          Velocity(el, { rotateZ: '100deg' }, { loop: 5 });
          Velocity(el, {
            rotateZ: '45deg',
            translateY: '30px',
            translateX: '30px',
            opacity: 0
          }, { complete: done })
        }
      }
    }).mount('#app');
</script>
```

在谷歌浏览器中运行程序，单击"登飞来峰"按钮，进入到动画，效果如图 10-10 所示；再次单击"登飞来峰"按钮，离开动画，效果如图 10-11 所示。

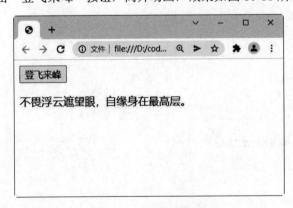

图 10-10　进入动画效果

图 10-11　离开动画效果

可以配置 Velocity 动画的选项如下：

```
duration:400,              //动画执行时间
easing: "swing",           //缓动效果
queue: "",                 //队列
begin:undefined,           //动画开始时的回调函数
progress: undefined,       //动画执行中的回调函数（该函数会随着动画执行被不断触发）
```

```
complete: undefined,        //动画结束时的回调函数
display: undefined,         //动画结束时设置元素的 css display 属性
visibility: undefined,      //动画结束时设置元素的 css visibility 属性
loop: false,                //循环次数
delay: false,               //延迟
mobileHA: true              //移动端硬件加速（默认开启）
```

10.2　初始渲染的过渡

可以通过 appear 属性设置节点在初始渲染的过渡效果：

```
<transition appear>
  <!-- ... -->
</transition>
```

这里的默认和进入/离开过渡效果一样，同样也可以自定义 CSS 类名。

```
<transition
  appear
  appear-class="custom-appear-class"
  appear-to-class="custom-appear-to-class"
  appear-active-class="custom-appear-active-class"
>
<!-- ... -->
</transition>
```

【例 10.7】appear 属性（源代码\ch10\10.7.html）。

```
<style>
    .custom-appear{
        font-size: 50px;
        color: #c65ee2;
        background: #3d9de2;
    }
    .custom-appear-to{
        color: #e26346;
        background: #488913;
    }
    .custom-appear-active{
        color: red;
        background: #CEFFCE;
        transition: all 3s ease;
    }
</style>
<div id="app">
    <transition
            appear
            appear-class="custom-appear"
            appear-to-class="custom-appear-to"
```

```
            appear-active-class="custom-appear-active"
    >
        <p>野火烧冈草，断烟生石松。</p>
    </transition>
</div>
<script src="https://unpkg.com/vue@next"></script>
<script>
    const vm= Vue.createApp({  }).mount('#app');
</script>
```

在谷歌浏览器中运行程序，页面一加载就会执行初始渲染的过渡样式，效果如图 10-12 所示，最后恢复到没有样式的效果，如图 10-13 所示。

图 10-12　初始渲染的过渡的效果　　　　图 10-13　没有样式的效果

还可以自定义 JavaScript 钩子函数：

```
<transition
  appear
  v-on:before-appear="customBeforeAppearHook"
  v-on:appear="customAppearHook"
  v-on:after-appear="customAfterAppearHook"
  v-on:appear-cancelled="customAppearCancelledHook"
>
  <!-- ... -->
</transition>
```

在上面的例子中，无论是 appear 属性还是 v-on:appear，钩子都会生成初始渲染过渡效果。

10.3　多个元素的过渡

最常见的多标签过渡是一个列表和描述这个列表为空消息的元素：

```
<transition>
  <table v-if="items.length > 0">
    <!-- ... -->
  </table>
  <p v-else>Sorry, no items found.</p>
</transition>
```

提示：当有相同标签名的元素切换时，需要通过 key 属性设置唯一的值来标记，以便让 Vue 区分它们。否则 Vue 为了效率只会替换相同标签内部的内容。例如下面代码：

```
<transition>
```

```
<button v-if="isEditing" key="save"> Save </button>
<button v-else key="edit">  Edit  </button>
</transition>
```

在一些场景中，也可以通过给同一个元素的 key attribute 设置不同的状态来代替 v-if 和 v-else，上面的例子可以重写为：

```
<transition>
  <button v-bind:key="isEditing">
    {{ isEditing ? 'Save' : 'Edit' }}
  </button>
</transition>
```

使用多个 v-if 的多个元素的过渡，可以重写为绑定了动态 property 的单个元素过渡。例如：

```
<transition>
  <button v-if="docState === 'saved'" key="saved">
    Edit
  </button>
  <button v-if="docState === 'edited'" key="edited">
    Save
  </button>
  <button v-if="docState === 'editing'" key="editing">
    Cancel
  </button>
</transition>
可以重写为：
<transition>
  <button v-bind:key="docState">
    {{ buttonMessage }}
  </button>
</transition>
computed: {
  buttonMessage: function () {
    switch (this.docState) {
      case 'saved': return 'Edit'
      case 'edited': return 'Save'
      case 'editing': return 'Cancel'
    }
  }
}
```

10.4　列表过渡

在使用 v-for 这种场景，如何同时渲染整个列表呢？前面介绍了使用 transition 组件实现过渡和动画效果，而渲染整个列表则使用<transition-group>组件。

<transition-group>组件有以下几个特点：

（1）不同于<transition>，它会以一个真实元素呈现，默认为一个<span>。也可以通过 tag 属性更换为其他元素。

（2）过渡模式不可用，因为我们不再相互切换特有的元素。

（3）内部元素总是需要提供唯一的 key 属性值。

（4）CSS 过渡的类将会应用在内部的元素中，而不是这个组/容器本身。

10.4.1 列表的进入/离开过渡

下面通过一个例子来学习如何设计列表的进入/离开过渡效果。

【例 10.8】列表的进入/离开过渡（源代码\ch10\10.8.html）。

```
<style>
     .list-item {
         display: inline-block;
         margin-right: 10px;
     }
     .list-enter-active, .list-leave-active {
         transition: all 1s;
     }
     .list-enter, .list-leave-to{
         opacity: 0;
         transform: translateY(30px);
     }
</style>
<div id="app" class="demo">
    <button v-on:click="add">添加</button>
    <button v-on:click="remove">移除</button>
    <transition-group name="list" tag="p">
        <span v-for="item in items" v-bind:key="item" class="list-item">
          {{ item }}
        </span>
    </transition-group>
</div>
<script src="https://unpkg.com/vue@next"></script>
<script>
    const vm= Vue.createApp({
        data(){
          return{
            items: [10,20,30,40,50,60,70,80,90],
            nextNum: 10
          }
        },
        methods: {
            randomIndex: function () {
                return Math.floor(Math.random() * this.items.length)
            },
            add: function () {
                this.items.splice(this.randomIndex(), 0, this.nextNum++)
```

```
        },
        remove: function () {
            this.items.splice(this.randomIndex(),1)
        }
    }
})).mount('#app');
</script>
```

在谷歌浏览器中运行程序，单击"添加"按钮，向数组中添加内容，触发进入效果，效果如图
10-14 所示；单击"移除"按钮删除一个数，触发离开效果，效果如图 10-15 所示。

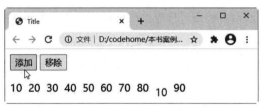

图 10-14 添加效果

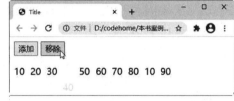

图 10-15 移除效果

这个例子有个问题，当添加和移除元素的时候，周围的元素会瞬间移动到它们的新布局的位置，
而不是平滑的过渡，在下面小节会解决这个问题。

10.4.2 列表的排序过渡

在下面的示例中，Vue 使用了一个叫 FLIP 的简单动画队列，使用其中的 transforms 将元素从之
前的位置平滑过渡到新的位置。

【例 10.9】列表的排序过渡（源代码\ch10\10.9.html）。

```
<script src="lodash.js"></script>
<style>
        .flip-list-move {
            transition: transform 1s;
        }
    </style>
<div id="app" class="demo">
    <button v-on:click="shuffle">排序过渡</button>
    <transition-group name="flip-list" tag="ul">
        <li v-for="item in items" v-bind:key="item">
            {{ item }}
        </li>
    </transition-group>
</div>

<script src="https://unpkg.com/vue@next"></script>
<script>
    const vm= Vue.createApp({
        data(){
          return{
            items: [10,20,30,40,50,60,70,80,90],
```

```
            nextNum: 10
        }
    },
    methods: {
        shuffle: function () {
            this.items = _.shuffle(this.items)
        }
    }
}).mount('#app');
</script>
```

在谷歌浏览器中运行程序，效果如图 10-16 所示；单击"排序过渡"按钮，将会重新排列数字顺序，效果如图 10-17 所示。

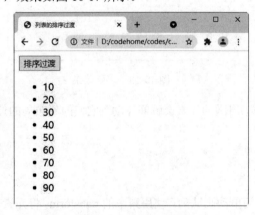

图 10-16 页面加载效果

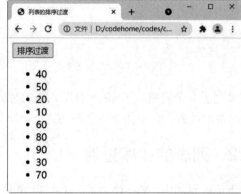

图 10-17 重新排列效果

10.4.3 列表的交错过渡

通过 data 选项与 JavaScript 通信，就可以实现列表的交错过渡。下面通过一个过滤器的示例看一下效果。

【例 10.10】列表的交错过渡（源代码\ch10\10.10.html）。

```
<script src="velocity.js"></script>
<div id="app" class="demo">
    <input v-model="query">
    <transition-group
        name="staggered-fade"
        tag="ul"
        v-bind:css="false"
        v-on:before-enter="beforeEnter"
        v-on:enter="enter"
        v-on:leave="leave"
    >
        <li
            v-for="(item, index) in computedList"
            v-bind:key="item.msg"
            v-bind:data-index="index"
```

```
            >{{ item.msg }}</li>
        </transition-group>
    </div>
    <script src="https://unpkg.com/vue@next"></script>
    <script>
        const vm= Vue.createApp({
            data(){
                return{
                    query: '',
                    list: [
                        { msg: 'apple' },
                        { msg: 'almond'},
                        { msg: 'banana' },
                        { msg: 'coconut' },
                        { msg: 'date' },
                        { msg: 'mango' },
                        { msg: 'apricot'},
                        { msg: 'banana' },
                        { msg: 'bitter'}
                    ]
                }
            },
            computed: {
                computedList: function () {
                    var vm = this
                    return this.list.filter(function (item) {
                        return item.msg.toLowerCase().indexOf(vm.query.toLowerCase
()) !== -1
                    })
                }
            },
            methods: {
                beforeEnter: function (el) {
                    el.style.opacity = 0
                    el.style.height = 0
                },
                enter: function (el, done) {
                    var delay = el.dataset.index * 150
                    setTimeout(function () {
                        Velocity(
                            el,
                            { opacity: 1, height: '1.6em' },
                            { complete: done }
                        )
                    }, delay)
                },
                leave: function (el, done) {
                    var delay = el.dataset.index * 150
                    setTimeout(function () {
                        Velocity(
```

```
                            el,
                            { opacity: 0, height: 0 },
                            { complete: done }
                        )
                    }, delay)
                }
            }
        })).mount('#app');
</script>
```

在谷歌浏览器中运行程序，效果如图 10-18 所示，在文本框中输入"a"，可以发现过滤掉了不带 a 的选项，如图 10-19 所示。

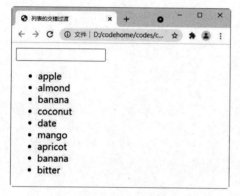

图 10-18　页面加载效果

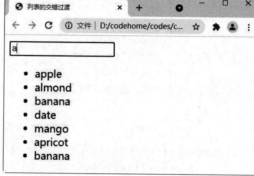

图 10-19　过滤掉一些数据

10.5　项目实训——设计折叠菜单的过渡动画

本示例使用列表过渡的知识，设计一个折叠菜单的过渡动画，实现同时展开一级菜单和二级菜单的效果。代码如下：

```
<style type="text/css">
    #main {
        background-color:#CEFFCE;
        width: 300px;
    }
    #main ul{
        height: 9 rem;
        overflow-x: hidden;
    }
    .fade-enter-active, .fade-leave-active{
        transition: height 0.5s
    }
        .fade-enter, .fade-leave-to{
        height: 0
```

```
            }
    </style>
    <script src="https://unpkg.com/vue@next"></script>
    </head>
    <body>
        <div id="main">
            <button @click="test">主页</button>
            <transition name="fade">
                <ul v-if="show">
                    <li>经典课程</li>
                        <ul>
                            <li><a href="#">Python 开发课程</a></li>
                            <li><a href="#">Java 开发课程</a></li>
                            <li><a href="#">网站前端开发课程</a></li>
                        </ul>
                    <li>热门技术</li>
                        <ul>
                            <li><a href="#">前端开发技术</a></li>
                            <li><a href="#">网络安全技术</a></li>
                            <li><a href="#">PHP 开发技术</a></li>
                        </ul>
                    <li>畅销教材</li>
                        <ul>
                            <li><a href="#">网站前端开发教材</a></li>
                            <li><a href="#">C 语言入门教材</a></li>
                            <li><a href="#">Python 开发教材</a></li>
                        </ul>
                    <li>联系我们</li>
                </ul>
            </transition>
        </div>
    <script>
        const vm= Vue.createApp({
            data(){
              return{
                show: false
                }
            },
             methods: {
                test () {
                    this.show = !this.show;
                }
            }
```

```
    }).mount('#main');
</script>
```

在谷歌浏览器中运行程序，效果如图10-20所示。单击"主页"按钮，效果如图10-21所示。

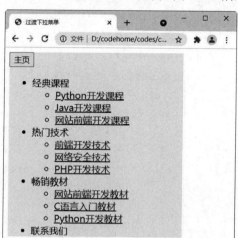

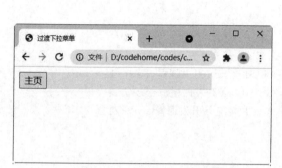

图 10-20　下拉菜单的初始效果　　　　　　　图 10-21　展开下拉菜单

第11章

组件和组合 API

在前端应用程序开发中，如果所有的 Vue 实例都写在一起，必然会导致这个方法又长又不好理解。组件就解决了这些问题，它是带有名字的可复用实例，不仅可以重复使用，还可以扩展。组件是 Vue.js 最核心的功能。组件可以将一些相似的业务逻辑进行封装，重复使用一些代码，从而达到简化的目的。另外，Vue.js 3.x 新增了组合 API，它是一组附加的、基于函数的 API，允许灵活地组合组件逻辑。本章将重点学习组件和组合 API 的使用方法和技巧。

11.1　组件是什么

组件是 Vue 中的一个重要概念，它是一种抽象，是一个可以复用的 Vue 实例，它拥有独一无二的组件名称，可以扩展 HTML 元素，并以组件名称的方式作为自定义的 HTML 标签。因为组件是可复用的 Vue 实例，所以它们与 new Vue()接收相同的选项，例如 data、computed、watch、methods 以及生命周期钩子等。唯一的例外是 el 选项，这是只用于根实例的特有的选项。

在大多数的系统网页中都包含 header、body、footer 等部分，很多时候，同一个系统中的多个页面，可能仅仅是页面中 body 部分显示的内容不同，因此，这里就可以将系统中重复出现的页面元素设计成一个个的组件，当需要使用到重复出现的页面元素的时候，引用这个组件即可。

在定义组件的时候，组件名应该设置成多个单词的组合，例如 todo-item、todo-list。但 Vue 中的内置根组件例外，例如 App、<transition>、<component>。

这样做可以避免与现有的 Vue 内置组件以及未来的 HTML 元素相冲突，因为所有的 HTML 元素的名称都是单个单词。

11.2 组件的注册

在 Vue 中创建一个新的组件之后，为了能在模板中使用，这些组件必须先进行注册，以便 Vue 能够识别。在 Vue 中有两种组件的注册类型：全局注册和局部注册。

11.2.1 全局注册

全局注册组件使用应用程序实例的 component()方法来注册组件。该方法有两个参数，第一个参数是组件的名称，第二个参数是函数对象或者选项对象。语法格式如下：

```
app.component({string}name,{Function|Object} definition(optional))
```

因为组件最后会被解析成自定义的 HTML 代码，因此，可以直接在 HTML 中使用组件名称作为标签来使用。

【例 11.1】全局注册组件（源代码\ch11\11.1.html）。

```html
<div id="app">
    <!--使用 my-component 组件-->
    <my-component></my-component>
</div>
<script src="https://unpkg.com/vue@next"></script>
<script>
    const vm= Vue.createApp({});
    vm.component('my-component', {
        data(){
          return{
            message:"梧桐更兼细雨，到黄昏、点点滴滴。"
            }
        },
        template: `
          <div><h2>{{message}}</h2></div>`
        });
      vm.mount('#app');
</script>
```

在谷歌浏览器中运行程序，按 F12 键打开控制台，并切换到"Elements"选项，效果如图 11-1 所示。

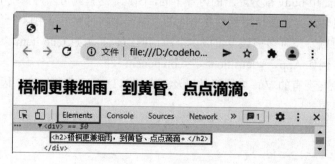

图 11-1　全局注册组件

11.2.2　局部注册

有些时候，注册的组件只想在一个 Vue 实例中使用，这时可以使用局部注册的方式注册组件。在 Vue 实例中，可以通过 components 选项注册仅在当前实例作用域下可用的组件。

【例 11.2】局部注册组件（源代码\ch11\11.2.html）。

```
<div id="app">
        商品销量: <button-counter></button-counter>台。
</div>
<script src="https://unpkg.com/vue@next"></script>
<script>
    const MyComponent = {
        data() {
            return {
                num: 1000
            }
        },
        template:
            `<button v-on:click="num++">
                {{ num }}
            </button>`
    }
    const vm= Vue.createApp({
        components: {
                ButtonCounter: MyComponent
        }
    });
    vm.mount('#app');
</script>
```

在谷歌浏览器中运行程序，单击"数字"按钮，按钮上的数字将会逐步递增，效果如图 11-2 所示。

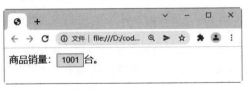

图 11-2　局部注册组件

11.3　使用 prop 向子组件传递数据

组件是当作自定义元素来使用的，而元素一般是有属性的，同样组件也可以有属性。在使用组件时，给元素设置属性，那么组件内部如何接受呢？首先需要在组件内容中注册一些自定义的属性，称为 prop，这些 prop 是放在组件的 props 选项中定义的；之后，在使用组件时，就可以把这些 prop 的名字作为元素的属性名来使用，通过属性向组件传递数据，这些数据将作为组件实例的属性被使用。

11.3.1 prop 基本用法

下面看一个示例，使用 prop 属性向子组件传递数据，这里传递"三杯两盏淡酒，怎敌他、晚来风急！"，在子组件的 props 选项中接收 prop 属性，然后使用差值语法在模板中渲染 prop 属性。

【例 11.3】使用 prop 属性向子组件传递数据（源代码\ch11\11.3.html）。

```
<div id="app">
    <blog-content date-title="三杯两盏淡酒，怎敌他、晚来风急！"></blog-content>
</div>
<script src="https://unpkg.com/vue@next"></script>
<script>
    const vm= Vue.createApp({});
    vm.component('blog-content', {
        props: ['dateTitle'],
        //date-title 就像 data 定义的数据属性一样
        template: '<h3>{{ dateTitle }}</h3>',
        //在该组件中可以使用"this.dateTitle"这种形式调用 prop 属性
        created(){
            console.log(this.dateTitle);
        }
    });
    vm.mount('#app');
</script>
```

在谷歌浏览器中运行程序，效果如图 11-3 所示。

图 11-3　使用 prop 属性向子组件传递数据

上面示例中，使用 prop 属性向子组件传递了字符串值，还可以传递数字。这只是它简单的一个使用。通常情况下可以使用 v-bind 来传递动态的值，传递数组和对象时也需要使用 v-bind 指令。

修改上面示例，在 Vue 实例中定义 title 属性，传递到子组件中去。

【例 11.4】传递 title 属性到子组件（源代码\ch11\11.4.html）。

```
<div id="app">
    <blog-content v-bind:date-title="content"></blog-content>
</div>
<script src="https://unpkg.com/vue@next"></script>
<script>
    const vm= Vue.createApp({
        //该函数返回数据对象
        data(){
          return{
            content:"繁紫韵松竹，远黄绕篱落。"
```

```
            }
        }
    });
    vm.component('blog-content', {
        props: ['dateTitle'],
        template: '<h3>{{ dateTitle }}</h3>',
    });
    vm.mount('#app');
</script>
```

在谷歌浏览器中运行程序，效果如图 11-4 所示。

图 11-4　传递 title 属性到子组件

在上面示例中，Vue 实例向子组件中传递数据，通常情况下多用于组件向组件传递数据。下面创建两个组件，在页面中渲染其中一个组件，而在这个组件中使用另外一个组件，并传递 title 属性。

【例 11.5】组件之间传递数据（源代码\ch11\11.5.html）。

```
<div id="app">
    <!--使用 blog-content 组件-->
    <blog-content></blog-content>
</div>
<script src="https://unpkg.com/vue@next"></script>
<script>
    const vm= Vue.createApp({ });
    vm.component('blog-content', {
        // 使用 blog-title 组件，并传递 content
        template: '<div><blog-title v-bind:date-title="title"></blog-title></
div>',
        data:function(){
            return{
                title:"湖光秋月两相和，潭面无风镜未磨。"
            }
        }
    });
    vm.component('blog-title', {
        props: ['dateTitle'],
        template: '<h3>{{ dateTitle }}</h3>',
    });
    vm.mount('#app');
</script>
```

在谷歌浏览器中运行程序，效果如图 11-5 所示。

图 11-5　组件之间传递数据

如果组件需要传递多个值，可以定义多个 prop 属性。

【例 11.6】传递多个值（源代码\ch11\11.6.html）。

```
<div id="app">
    <!--使用 blog-content 组件-->
    <blog-content></blog-content>
</div>
<script src="https://unpkg.com/vue@next"></script>
<script>
    const vm= Vue.createApp({ });
    vm.component('blog-content', {
        // 使用 blog-title 组件，并传递 content
        template: '<div><blog-title :name="name" :price="price" :city="city">
</blog-title></div>',
        data:function(){
            return{
                name:"洗衣机",
                price:"6880 元",
                city:"上海"
            }
        }
    });
    vm.component('blog-title', {
        props: ['name','price','city'],
        template: '<ul><li>{{name}}</li><li>{{price}}</li><li>{{city}}</li></
ul> ',
    });
     vm.mount('#app');
</script>
```

在谷歌浏览器中运行程序，效果如图 11-6 所示。

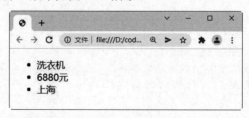

图 11-6　传递多个值

从上面示例可以发现，以字符串数组形式列出多个 prop 属性：

```
props: ['name','price','city'],
```

但是，通常希望每个 prop 属性都有指定的值类型。这时，可以以对象形式列出 prop，这些 property 的名称和值分别是 prop 各自的名称和类型，例如：

```
props: {
    name: String,
    price: String,
    city: String,
}
```

11.3.2 单向数据流

所有的 prop 属性，传递数据都是单向的。父组件的 prop 属性的更新会向下流动到子组件中，但是反过来则不行。这样会防止从子组件意外变更父级组件的数据，从而导致应用的数据流向难以理解。

此外，每次父级组件发生变更时，子组件中所有的 prop 属性都将会刷新为最新的值。这意味着不应该在一个子组件内部改变 prop 属性。如果这样做，Vue 会在浏览器的控制台中发出警告。

有两种情况可能需要改变组件的 prop 属性。一种情况是定义一个 prop 属性，以方便父组件传递初始值，在子组件内将这个 prop 作为一个本地的 prop 数据来使用。遇到这种情况，解决办法是在本地的 data 选项中定义一个属性，然后将 prop 属性值作为其初始值，后续操作只访问这个 data 属性。代码如下：

```
props: ['initDate'],
data: function () {
  return {
    title: this.initDate
  }
}
```

另一种情况是 prop 属性接收数据后需要转换后使用。这种情况可以使用计算属性来解决。代码如下：

```
props: ['size'],
computed: {
  nowSize:function(){
    return this.size.trim().toLowerCase()
  }
}
```

11.3.3 prop 验证

当开发一个可复用的组件时，父组件希望通过 prop 属性传递的数据类型符合要求。例如，组件定义一个 prop 属性是一个对象类型，结果父组件传递的是一个字符串的值，这明显不合适。因此，Vue.js 提供了 prop 属性的验证规则，在定义 props 选项时，使用一个带验证需求的对象来代替之前使用的字符串数组（props: ['name','price','city']）。代码说明如下：

```
vm.component('my-component', {
    props: {
```

```
        // 基础的类型检查 ('null' 和 'undefined' 会通过任何类型验证)
        name: String,
        // 多个可能的类型
        price: [String, Number],
        // 必填的字符串
        city: {
            type: String,
            required: true
        },
        // 带有默认值的数字
        prop1: {
            type: Number,
            default: 100
        },
        // 带有默认值的对象
        prop2: {
            type: Object,
            // 对象或数组默认值必须从一个工厂函数获取
            default: function () {
                return { message: 'hello' }
            }
        },
        // 自定义验证函数
        prop3: {
            validator: function (value) {
                // 这个值必须匹配下列字符串中的一个
                return ['success', 'warning', 'danger'].indexOf(value) !== -1
            }
        }
    }
})
```

为组件的 prop 指定验证要求后，如果有一个需求没有被满足，则 Vue 会在浏览器控制台中发出警告。

上面代码验证的 type 可以是下面原生构造函数中的一个：

```
String
Number
Boolean
Array
Object
Date
Function
Symbol
```

另外，type 还可以是一个自定义的构造函数，并且通过 instanceof 来进行检查确认。例如，给定下列现成的构造函数：

```
function Person (firstName, lastName) {
  this.firstName = firstame
  this.lastName = lastName
```

```
}
```

可以通过以下代码验证 name 的值是否通过 new Person 创建的。

```
vm.component('blog-content', {
  props: {
    name: Person
  }
})
```

11.3.4　非 prop 的属性

在使用组件的时候，父组件可能会向子组件传入未定义 prop 的属性值，这样也是可以的。组件可以接收任意的属性，而这些外部设置的属性会被添加到子组件的根元素上。

【例 11.7】非 prop 的属性（源代码\ch11\11.7.html）。

```
<style>
    .bg1{
        background: #C1FFE4;
    }
    .bg2{
        width: 300px;
    }
</style>
<div id="app">
    <!--使用 blog-content 组件-->
    <input-con class="bg2" type="text"></input-con>
</div>
<script src="https://unpkg.com/vue@next"></script>
<script>
    const vm= Vue.createApp({ });
    vm.component('input-con', {
      template: '<input class="bg1">',
    });
    vm.mount('#app');
</script>
```

在谷歌浏览器中运行程序，输入"柳汀斜对野人窗，零落衰条傍晓江。"，打开控制台，效果如图 11-7 所示。

图 11-7　非 prop 的属性

从上面示例可以看出，input-con 组件没有定义任何的 prop，根元素是<input>，在 DOM 模板中使用<input-con>元素时设置了 type 属性，这个属性将被添加到 input-con 组件的根元素 input 上，渲染结果为<input type="text">。另外，在 input-con 组件的模板中还使用了 class 属性 bg1，同时在 DOM 模板中也设置了 class 属性 bg2，在这种情况下，两个 class 属性的值会被合并，最终渲染的结果为<input class="bg1 bg2" type="text">。

要注意的是，只有 class 和 style 属性的值会合并，对于其他属性而言，从外部提供给组件的值会替换掉组件内容设置好的值。假设 input-con 组件的模板是<input type="text">，如果父组件传入 type="password"，就会替换掉 type="text"，最后渲染结果就变成了<input type="password">。

修改上面示例代码：

```
<div id="app">
    <!--使用 blog-content 组件-->
    <input-con class="bg2" type=" password "></input-con>
</div>
```

在谷歌浏览器中运行程序，然后输入"12345678"，可以发现 input 的类型为"password"，效果如图 11-8 所示。

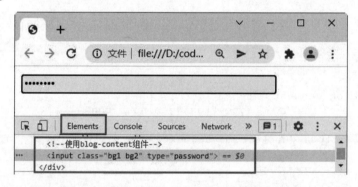

图 11-8　外部组件的值替换掉组件设置好的值

如果不希望组件的根元素继承外部设置的属性，可以在组件的选项中设置 inheritAttrs: false。例如修改上面示例代码：

```
Vue.component('input-con', {
    template: '<input class="bg1" type="text">',
    inheritAttrs: false,
});
```

再次运行项目，可以发现父组件传递的 type="password"，子组件并没有继承。

11.4　子组件向父组件传递数据

前面介绍了父组件通过 prop 属性向子组件传递数据，那子组件如何向父组件传递数据呢？具体实现请看下面的内容。

11.4.1　监听子组件事件

在 Vue 中可以通过自定义事件来实现。子组件使用$emit()方法触发事件，父组件使用 v-on 指令监听子组件的自定义事件。$emit()方法的语法形式如下：

```
vm.$emit(myEvent, [···args])
```

其中，myEvent 是自定义的事件名称，args 是附加参数，这些参数会传递给监听器的回调函数。如果要向父组件传递数据，就可以通过第二个参数来传递。

【例 11.8】子组件要向父组件传递数据（源代码\ch11\11.8.html）。

这里定义 1 个子组件，子组件的按钮接收到 click 事件后，调用$emit()方法触发一个自定义事件。在父组件中使用子组件时，可以使用 v-on 指令监听自定义的 date 事件。

```
<div id="app">
    <parent></parent>
</div>
<script src="https://unpkg.com/vue@next"></script>
<script>
    const vm= Vue.createApp({ });
    vm.component('child', {
        data:function () {
            return{
                info:{
                    name:"手机",
                    price:"2998 元",
                    city:"广州"
                }
            }
        },
        methods:{
            handleClick(){
                //调用实例的$emit()方法触发自定义事件 greet，并传递 info
                this.$emit("date",this.info)
            },
        },
        template:'<button v-on:click="handleClick">显示子组件的数据</button>'
});
    vm.component('parent', {
    data:function(){
      return{
          name:'',
          price:'',
          city:'',
      }
    },
    methods:{
        // 接收子组件传递的数据
        childDate(info){
```

```
        this.name=info.name;
        this.price=info.price;
        this.city=info.city;
      }
    },
    template:`
      <div>
        <child v-on:date="childDate"></child>
        <ul>
          <li>{{name}}</li>
          <li>{{price}}</li>
          <li>{{city}}</li>
        </ul>
      </div>
      `
    });
    vm.mount('#app');
</script>
```

在谷歌浏览器中运行程序，单击"显示子组件的数据"按钮，将显示子组件传递过来的数据，效果如图 11-9 所示。

图 11-9　子组件要向父组件传递数据

11.4.2　将原生事件绑定到组件

在组件的根元素上可以直接监听一个原生事件，使用 v-on 指令时添加一个.native 修饰符即可。例如：

```
<base-input v-on:focus.native="onFocus"></base-input>
```

在有的时候这是很有用的，不过在尝试监听一个类似<input>的非常特定的元素时，这并不是个好主意。例如<base-input>组件可能做了如下重构，所以根元素实际上是一个<label>元素：

```
<label>
  {{ label }}
  <input
    v-bind="$attrs"
    v-bind:value="value"
    v-on:input="$emit('input', $event.target.value)"
  >
```

```
</label>
```

这时父组件的.native 监听器将静默失败。它不会产生任何报错，但是 onFocus 处理函数不会如预期被调用。

为了解决这个问题，Vue 提供了一个$listeners 属性，它是一个对象，里面包含了作用在这个组件上的所有监听器。例如：

```
{
  focus: function (event) { /* ... */ }
  input: function (value) { /* ... */ },
}
```

有了这个$listeners 属性，就可以配合 v-on="$listeners"将所有的事件监听器指向这个组件的某个特定的子元素。对于那些需要 v-model 的元素（如 input）来说，可以为这些监听器创建一个计算属性，例如下面代码中的 inputListeners。

```
vm.component('base-input', {
  inheritAttrs: false,
  props: ['label', 'value'],
  computed: {
    inputListeners: function () {
      var vm = this
      // `Object.assign` 将所有的对象合并为一个新对象
      return Object.assign({},
        // 从父级添加所有的监听器
        this.$listeners,
        // 然后我们添加自定义监听器，
        // 或重写一些监听器的行为
        {
          // 这里确保组件配合 `v-model` 的工作
          input: function (event) {
            vm.$emit('input', event.target.value)
          }
        }
      )
    }
  },
  template: `
    <label>
      {{ label }}
      <input
        v-bind="$attrs"
        v-bind:value="value"
        v-on="inputListeners"
      >
    </label>
  `
})
```

现在<base-input>组件是一个完全透明的包裹器了，也就是说，它可以完全像一个普通的<input>

元素一样使用，所有跟它相同的属性和监听器都可以工作，不必再使用.native 修饰符。

11.4.3 .sync 修饰符

在有些情况下，可能需要对一个 prop 属性进行"双向绑定"。不幸的是，真正的双向绑定会带来维护上的问题，因为子组件可以变更父组件，且父组件和子组件都没有明显的变更来源。Vue.js 推荐以 update:myPropName 模式触发事件来实现。

【例 11.9】设计购物的数量（源代码\ch11\11.9.html）。

其中子组件代码如下：

```
vm.component('child', {
    data:function () {
        return{
            count:this.value
        }
    },
    props:{
      value:{
          type:Number,
          default:0
      }
    },
    methods:{
        handleClick(){
            this.$emit("update:value",++this.count)
        },
    },
    template:`
        <div>
            <sapn>子组件：购买{{value}}件</sapn>
            <button v-on:click="handleClick">增加</button>
        </div>
    `
});
```

在这个子组件中有一个 prop 属性 value，在按钮的 click 事件处理器中，调用$emit()方法触发 update:value 事件，并将加 1 后的计数值作为事件的附加参数。

在父组件中，使用 v-on 指令监听 update:value 事件，这样就可以接收到子组件传来的数据，然后使用 v-bind 指令绑定子组件的 prop 属性 value，就可以给子组件传递父组件的数据，这样就实现了双向数据绑定。代码如下：

```
<div id="app">
    父组件：购买{{counter}}件
    <child v-bind:value="counter" v-on:update:value="counter=$event"></chil
d>
```

```
</div>
<script src="https://unpkg.com/vue@next"></script>
<script>
    const vm= Vue.createApp({
      data(){
        return{
         counter:0
         }
       }
     });
    vm.mount('#app');
</script>
```

其中$event 是自定义事件的附加参数。

在谷歌浏览器中运行程序，单击 6 次"增加"按钮，可以看到父组件和子组件中购买数量是同步变化的，如图 11-10 所示。

图 11-10　同步更新父组件和子组件的数据

为了方便起见，Vue 2.x 为 prop 属性的"双向绑定"提供了一个缩写，即.sync 修饰符，修改上面示例的<child>代码：

```
<child v-bind:value.sync="counter"></child>
```

注意：带有.sync 修饰符的 v-bind 不能和表达式一起使用。

例如：

```
v-bind:value.sync="doc.title+'!' "
```

上面的代码是无效的，取而代之的是，只能提供想要绑定的属性名，类似 v-model。

当用一个对象同时设置多个 prop 属性时，也可以将.sync 修饰符和 v-bind 配合使用：

```
<child v-bind.sync="doc"></child >
```

这样会把 doc 对象中的每一个属性都作为一个独立的 prop 传进去，然后各自添加用于更新的 v-on 监听器。

提示：如果将 v-bind.sync 用在一个字面量的对象上，例如 v-bind.sync="title:doc.title"，则它是无法正常工作的。

11.5 插槽

组件是当作自定义的 HTML 元素来使用的，元素可以包括属性和内容，通过组件定义的 prop 来接收属性值，那对于组件的内容应该怎么实现呢？可以使用插槽（slot 元素）来解决。

11.5.1 插槽基本用法

下面定义一个组件：

```
vm.component('page', {
    template:`<div><slot></slot></div>`
});
```

在 page 组件中，div 元素内容定义了 slot 元素，可以把它理解为占位符。

在 Vue 实例中使用这个组件：

```
<div id="app">
    <page>如今直上银河去，同到牵牛织女家。</page>
</div>
```

page 元素给出了内容，在渲染组件时，这个内容会置换组件内部的<slot>元素。

在谷歌浏览器中运行程序，渲染的结果如图 11-11 所示。

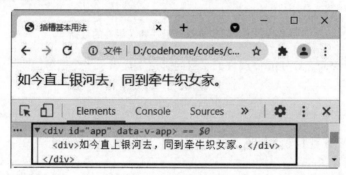

图 11-11 插槽基本用法

如果 page 组件中没有 slot 元素，则<page>元素中的内容将不会渲染到页面。

11.5.2 编译作用域

当想通过插槽向组件传递动态数据时，例如：

```
<page>欢迎来到{{name}}的官网</page>
```

name 属性是在父组件作用域下解析的，而不是 page 组件的作用域。而在 page 组件定义的属性，在父组件是访问不到的，这就是编译作用域。

作为一条规则必须记住：父组件模板里的所有内容都是在父级作用域中编译的；子组件模板里的所有内容都是在子作用域中编译的。

11.5.3 默认内容

有时为一个插槽设置默认内容是很有用的，它只会在没有提供内容的时候被渲染。例如在一个 `<submit-button>` 组件中：

```
<button type="submit">
  <slot></slot>
</button>
```

如果希望这个 `<button>` 组件内绝大多数情况下都渲染文本 "Submit"，那么可以将 "Submit" 作为默认内容，将它放在 `<slot>` 标签内：

```
<button type="submit">
  <slot>Submit</slot>
</button>
```

现在在一个父组件中使用 `<submit-button>` 并且不提供任何插槽内容：

```
<submit-button></submit-button>
```

默认内容 "Submit" 将会被渲染：

```
<button type="submit">
  Submit
</button>
```

但是如果提供内容：

```
<submit-button>
  提交
</submit-button>
```

则这个提供的内容将会替换掉默认值 Submit，渲染如下：

```
<button type="submit">
  提交
</button>
```

【例 11.10】设置插槽的默认内容（源代码\ch11\11.10.html）。

```
<div id="app">
    <page>流年莫虚掷，华发不相容。</page>
</div>
<script src="https://unpkg.com/vue@next"></script>
<script>
    const vm= Vue.createApp({ });
    vm.component('page', {
        template:`<button type="submit">
                <slot>Submit</slot>
            </button>
            `
    });
    vm.mount('#app');
</script>
```

在谷歌浏览器中运行程序，渲染的结果如图 11-12 所示。

图 11-12　设置插槽的默认内容

11.5.4　命名插槽

在组件开发中，有时需要使用多个插槽。例如对于一个带有如下模板的\<page-layout\>组件：

```
<div class="container">
  <header>
    <!-- 我们希望把页头放这里 -->
  </header>
  <main>
    <!-- 我们希望把主要内容放这里 -->
  </main>
  <footer>
    <!-- 我们希望把页脚放这里 -->
  </footer>
</div>
```

对于这样的情况，\<slot\>元素有一个特殊的特性 name，它用来命名插槽。因此可以定义多个名字不同的插槽，例如下面代码：

```
<div class="container">
  <header>
    <slot name="header"></slot>
  </header>
  <main>
    <slot></slot>
  </main>
  <footer>
    <slot name="footer"></slot>
  </footer>
</div>
```

一个不带 name 的\<slot\>元素，它有默认的名字"default"。

在向命名插槽提供内容的时候，可以在一个\<template\>元素上使用 v-slot 指令，并以 v-slot 的参数的形式提供其名称：

```
<page-layout>
  <template v-slot:header>
    <h1>这里有一个页面标题</h1>
  </template>
  <p>这里有一段主要内容</p>
  <p>和另一个主要内容</p>
  <template v-slot:footer>
    <p>这是一些联系方式</p>
  </template>
</page-layout>
```

现在<template>元素中的所有内容都将会被传入相应的插槽。任何没有被包裹在带有 v-slot 的<template>中的内容，都会被视为默认插槽的内容。

然而，如果希望更明确一些，仍然可以在一个<template>中包裹默认命名插槽的内容：

```
<page-layout>
  <template v-slot:header>
    <h1>这里有一个页面标题</h1>
  </template>
  <template v-slot:default>
    <p>这里有一段主要内容</p>
    <p>和另一个主要内容</p>
  </template>
  <template v-slot:footer>
    <<p>这是一些联系方式</p>
  </template>
</page-layout>
```

上面两种写法都会渲染出如下代码：

```
<div class="container">
    <header>
        <h3>这里有一个页面标题</h3>
    </header>
    <main>
        <p>这里有一段主要内容</p>
        <p>和另一个主要内容</p>
    </main>
    <footer>
        <p>这是一些联系方式</p>
    </footer>
</div>
```

【例 11.11】命名插槽（源代码\ch11\11.11.html）。

```
<div id="app">
    <page-layout>
        <template v-slot:header>
            <h2 align='center'>书河上亭壁</h2>
        </template>
        <template v-slot:main>
            <h3>岸阔樯稀波渺茫，独凭危槛思何长。</h3>
```

```
                <h3>萧萧远树疏林外，一半秋山带夕阳。</h3>
            </template>
            <template v-slot:footer>
                <p align='right'>经典古诗</p>
            </template>
        </page-layout>
</div>
<script src="https://unpkg.com/vue@next"></script>
<script>
    const vm= Vue.createApp({ });
    vm.component('page-layout', {
        template:`
            <div class="container">
                <header>
                    <slot name="header"></slot>
                </header>
                <main>
                    <slot name="main"></slot>
                </main>
                <footer>
                    <slot name="footer"></slot>
                </footer>
            </div>
            `
    });
    vm.mount('#app');
</script>
```

在谷歌浏览器中运行程序，效果如图 11-13 所示。

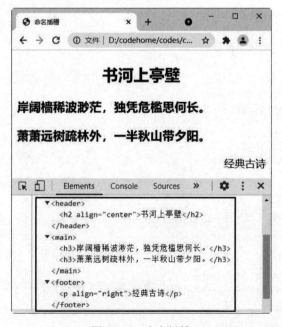

图 11-13　命名插槽

11.5.5　作用域插槽

在父级作用域下，在插槽的内容中是无法访问到子组件的数据属性的，但有时候需要在父级的插槽内容中访问子组件的数据，可以在子组件的\<slot\>元素上使用 v-bind 指令绑定一个 prop 属性。看下面的组件代码：

```
vm.component('page-layout', {
    data:function(){
      return{
        info:{
            name:'小明',
            age:18,
            sex:"男"
        }
      }
    },
    template:`
      <button>
        <slot v-bind:values="info">
            {{info.name}}
        </slot>
      </button>
    `
});
```

这个按钮可以显示 info 对象中的任意一个，为了让父组件可以访问 info 对象，在\<slot\>元素上使用 v-bind 指令绑定一个 values 属性，称为插槽 prop，这个 prop 不需要在 props 选项中声明。

在父级作用域下使用该组件时，可以给 v-slot 指令一个值来定义组件提供的插槽 prop 的名字。代码如下：

```
<page-layout>
    <template v-slot:default="slotProps">
        {{slotProps.values.name}}
    </template>
</page-layout>
```

因为\<page-layout\>组件内的插槽是默认插槽，所以这里使用其默认的名字 default，然后给出一个名字 slotProps，这个名字可以随便取，代表的是包含组件内所有插槽 prop 的一个对象，然后就可以在父组件中利用这个对象访问子组件的插槽 prop，values prop 是绑定到 info 数据属性上的，所以可以进一步访问 info 的内容。

【例 11.12】访问插槽的内容（源代码\ch11\11.12.html）。

```
<div id="app">
    <page-layout>
        <template v-slot:default="slotProps">
            {{slotProps.values.city}}
        </template>
    </page-layout>
```

```
</div>
<script src="https://unpkg.com/vue@next"></script>
<script>
    const vm= Vue.createApp({ });
    vm.component('page-layout', {
        data:function(){
          return{
            info:{
                name:'苹果',
                price:8.86,
                city:"深圳"
            }
          }
        },
        template:`
          <button>
            <slot v-bind:values="info">
                {{info.city}}
            </slot>
          </button>
        `
    });
    vm.mount('#app');
</script>
```

在谷歌浏览器中运行程序，效果如图 11-14 所示。

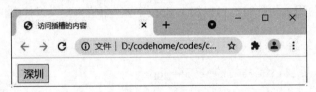

图 11-14　访问插槽

11.5.6　解构插槽 prop

作用域插槽的内部工作原理是将插槽内容包括在一个传入单个参数的函数里：

```
function (slotProps) {   // 插槽内容
}
```

这意味着 v-slot 的值实际上可以是任何能够作为函数定义中的参数的 JavaScript 表达式。所以在支持的环境下（单文件组件或现代浏览器），也可以使用 ES2015 解构来传入具体的插槽 prop，代码如下：

```
<current-verse v-slot="{ verse }">
  {{ verse.firstContent }}
</current-user>
```

这样可以使模板更简洁,尤其是在该插槽提供了多个 prop 的时候。它同样开启了 prop 重命名等其他可能,例如将 verse 重命名为 poetry:

```
<current-verse v-slot="{ verse: poetry }">
  {{ poetry.firstContent }}
</current-verse>
```

甚至可以定义默认的内容,用于插槽 prop 是 undefined 的情形:

```
<current-verse v-slot="{ verser = { firstContent: '古诗' } }">
  {{ verse.Content}}
</current-verser>
```

【例 11.13】解构插槽 prop(源代码\ch11\11.13.html)。

```
<div id="app">
    <current-verse>
        <template v-slot="{verse:poetry}">
            {{poetry.firstContent }}
        </template>
    </current-verse>
</div>
<script src="https://unpkg.com/vue@next"></script>
<script>
    const vm= Vue.createApp({ });
    vm.component('currentVerse', {
        template: ' <span><slot :verse="verse">{{ verse.lastContent }}</slot></span>',
        data:function(){
            return {
                verse: {
                    firstContent: '此心随去马,迢递过千峰。',
                    secondContent: '野渡波摇月,空城雨罢钟。'
                }
            }
        }
    });
    vm.mount('#app');
</script>
```

在谷歌浏览器中运行程序,效果如图 11-15 所示。

图 11-15 解构插槽 prop

11.6　什么是组合 API

通过创建 Vue 组件，可以将接口的可重复部分及其功能提取到可重用的代码段中，从而提高应用程序的可维护性和灵活性。随着应用程序越来越复杂，拥有几百个组件的应用程序，仅仅依靠组件很难满足共享和重用代码的需求。

用组件的选项（data、computed、methods、watch）组织逻辑在大多数情况下都有效。然而，当组件变得更大时，逻辑关注点的列表也会增长。这可能会导致组件难以阅读和理解，尤其是对于那些一开始就没有编写这些组件的人来说。这种碎片化使得理解和维护复杂组件变得困难。选项的分离掩盖了潜在的逻辑问题。此外，在处理单个逻辑关注点时，用户必须不断地"跳转"相关代码的选项块。如何才能将同一个逻辑关注点相关的代码配置在一起？这正是组合式 API 要解决的问题。

Vue.js 3.x 中新增的组合 API 为用户组织组件代码提供了更大的灵活性。现在，可以将代码编写成函数，每个函数处理一个特定的功能，而不再需要按选项组织代码了。组合 API 还使在组件之间甚至外部组件之间提取和重用逻辑变得更加简单。

组合 API 可以和 TypeScript 更好地集成，因为组合 API 是一套基于函数的 API。同时，组合 API 也可以和现有的、基于选项的 API 一起使用。不过需要特别注意的是，组合 API 会在选项（data、computed 和 methods）之前解析，所以组合 API 是无法访问这些选项中定义的属性的。

11.7　setup()函数

setup()函数是一个新的组件选项，它是组件内部使用组合 API 的入口点。新的 setup 组件选项在创建组件之前执行，一旦 props 被解析，并充当合成 API 的入口点。对于组件的生命周期钩子，setup()函数在 beforeCreate 钩子之前调用。

setup()是一个接受 props 和 context 的函数，而且接受的 props 对象是响应式的，在组件外部传入新的 prop 值时，props 对象会更新，可以调用相应的方法监听该对象并对修改作出响应。

【例 11.14】setup()函数（实例文件：源代码\ch11\11.14.html）。

```
<div id="app">
    <post-item :post-content="content"></post-item>
</div>
<script src="https://unpkg.com/vue@next"></script>
<script>
    const vm= Vue.createApp({
            data(){
                return {
                    content: '月浅灯深，梦里云归何处寻。'
                }
            }
    });
    vm.component('PostItem', {
            //声明 props
```

```
                props: ['postContent'],
                setup(props){
                    Vue.watchEffect(() => {
                        console.log(props.postContent);
                    })
                },
                template: '<h3>{{ postContent }}</h3>'
            });
        vm.mount('#app');
</script>
```

在谷歌浏览器中运行程序，效果如图 11-16 所示。

图 11-16　setup()函数

注意：由于在执行 setup()函数时尚未创建组件实例，因此在 setup()函数中没有 this。这意味着，除了 props 之外，用户将无法访问组件中声明的任何属性——本地状态、计算属性或方法。

11.8　响应式 API

Vue.js 3.x 的核心功能主要是通过响应式 API 实现的，组合 API 将它们公开为独立的函数。

11.8.1　reactive()方法和 watchEffect()方法

例如，下面代码中为 Vue.js 3.x 中的响应式对象：

```
setup(){
  const name = ref('test')
  const state = reactive({ list: []})
  return {
      name,
      state
  }
}
```

Vue.js 3.x 提供了一种创建响应式对象的 reactive()方法，其内部就是利用了 Proxy API 来实现的，特别是借助 handler 的 set 方法，可以实现双向数据绑定相关的逻辑，这对于 Vue.js 2.x 中的 Object.defineProperty()来说是很大的改变。

（1）Object.defineProperty()只能单一的监听已有属性的修改或者变化，无法检测到对象属性的新增或删除，而 Proxy 则可以轻松实现。

（2）Object.defineProperty()无法监听属性值是数组类型的变化，而 Proxy 则可以轻松实现。
例如，监听数组的变化：

```
let arr = [1]
let handler = {
    set:(obj,key,value)=>{
        console.log('set')
        return Reflect.set(obj, key, value);
    }
}
let p = new Proxy(arr,handler)
p.push(2)
```

watchEffect()方法函数类似于 Vue.js 2.x 中的 watch 选项，该方法接受一个函数作为参数，会立即运行该函数，同时响应式地跟踪其依赖项，并在依赖项发生修改时重新运行该函数。

【例 11.15】reactive()方法和 watchEffect()方法（源代码\ch11\11.15.html）。

```
<div id="app">
    <post-item :post-content="content"></post-item>
</div>
<script src="https://unpkg.com/vue@next"></script>
<script>
    const {reactive, watchEffect} = Vue;
    const state = reactive({
        count: 0
    });
    watchEffect(() => {
        document.body.innerHTML = `商品库存为：${state.count}台。`
    })
</script>
```

在谷歌浏览器中运行程序，效果如图 11-17 所示。按 F12 键打开控制台，并切换到 "Console" 选项，输入 "state.count=1000" 后按回车键，效果如图 11-18 所示。

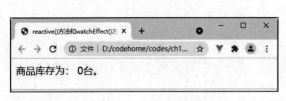

图 11-17　初始状态

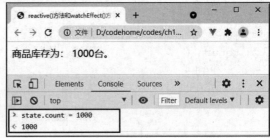

图 11-18　响应式对象的依赖跟踪

11.8.2　ref()方法

reactive()方法为一个 JavaScript 对象创建响应式代理。如果需要对一个原始值创建一个响应式代理对象，可以通过 ref()方法来实现，该方法接受一个原始值，返回一个响应式和可变的响应式对象。

【例 11.16】ref()方法（源代码\ch11\11.16.html）。

```html
<div id="app">
    <post-item :post-content="content"></post-item>
</div>
<script src="https://unpkg.com/vue@next"></script>
<script>
    const {ref, watchEffect} = Vue;
    const state = ref(0)
    watchEffect(() => {
        document.body.innerHTML = `商品库存为：${state.value}台。`
    })
</script>
```

在谷歌浏览器中运行程序，按 F12 键打开控制台，并切换到"Console"选项，输入"state.value = 8888"后按回车键，效果如图 11-19 所示。这里需要修改 state.value 的值，而不是直接修改 state 对象。

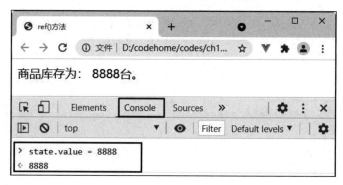

图 11-19　使用 ref()方法

11.8.3　readonly()方法

有时候仅仅需要跟踪相应对象，而不希望应用程序对该对象进行修改。此时可以通过 readonly()方法为原始对象创建一个只读属性，从而防止该对象在注入的地方发生变化，提供了程序的安全性。例如以下代码：

```js
import {readonly} from 'vue'
export default {
  name: 'App',
  setup() {
    // readonly:用于创建一个只读的数据，并且是递归只读
    let state = readonly({name:'李梦', attr:{age:28, height: 1.88}});
    function myFn() {
      state.name = 'zhangxiaoming';
      state.attr.age = 36;
      state.attr.height = 1.66;
```

```
    console.log(state); //数据并没有变化
    }
    return {state, myFn};
  }
}
```

11.8.4 computed()方法

computed()方法主要用于创建依赖于其他状态的计算属性，该方法接受一个 getter 函数，并为 getter 返回的值返回一个不可变的响应式对象。

【例 11.17】computed()方法（源代码\ch11\11.17.html）。

```
<div id="app">
    <p>原始字符串: {{ message }}</p>
    <p>反转字符串: {{ reversedMessage }}</p>
</div>
<script src="https://unpkg.com/vue@next"></script>
<script>
    const {ref, computed} = Vue;
        const vm = Vue.createApp({
            setup(){
             const message = ref('人世几回伤往事，山形依旧枕寒流');
             const reversedMessage = computed(() =>
                 message.value.split('').reverse().join('')
             );
             return {
                 message,
                 reversedMessage
             }
            }
        }).mount('#app');
</script>
```

在谷歌浏览器中运行程序，结果如图 11-20 所示。

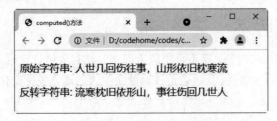

图 11-20 computed()方法

11.8.5 watch()方法

watch()方法需要监听特定的数据源，并在单独的回调函数中应用。当被监听的数据源发生变化时，才会调用回调函数。

例如下面的代码监听普通类型的对象：

```
let count = ref(1);
```

```
const changeCount = () => {
    count.value+=1
};
watch(count, (newValue, oldValue) => { //直接监听
    console.log("count 发生了变化! ");
});
```

watch()方法还可以监听响应式对象：

```
let goods = reactive({
    name: "洗衣机",
    price: 6800,
});
const changeGoodsName = () => {
    goods.name = "电视机";
};
watch(()=>goods.name,()=>{//通过一个函数返回要监听的属性
    console.log('商品的名称发生了变化! ')
})
```

在 Vue.js 2.x 中，watch 可以监听多个数据源，并且执行不同的函数。在 Vue.js 3.x 中同理也能实现相同的情景，通过多个 watch 来实现，但 Vue.js 2.x 中，只能存在一个 watch。

例如 Vue.js 3.x 中监听多个数据源：

```
watch(count, () => {
console.log("count 发生了变化! ");
});
watch(
    () => goods.name,
    () => {
        console.log("商品的名称发生了变化! ");
    }
);
```

对于 Vue.js 3.x，监听器可以使用数组同时监听多个数据源。例如：

```
watch([() => goods.name, count], ([name, count], [preName, preCount]) => {
    console.log("count 或 goods.name 发生了变化! ");
});
```

11.9　项目实训——使用组件创建树状项目分类

本示例使用组件创建树状项目分类。主要代码如下：

```
<div id="app">
    <category-component :list="categories"></category-component>
</div>
<script src="https://unpkg.com/vue@next"></script>
<script>
```

```javascript
const CategoryComponent = {
    name: 'catComp',
    props: {
        list: {
            type: Array
        }
    },
    template: `
        <ul>
            <!-- 如果 list 为空，表示没有子分类了，结束递归 -->
            <template v-if="list">
                <li v-for="cat in list">
                    {{cat.name}}
                    <catComp :list="cat.children"/>
                </li>
            </template>
        </ul>
    `
}
const app = Vue.createApp({
    data(){
        return {
            categories: [
                {
                    name: '网站开发技术',
                    children: [
                        {
                            name: '前端开发技术',
                            children: [
                                {name: 'HTML5 开发技术'},
                                {name: 'Javascript 开发技术'},
                                {name: 'Vue.js 开发技术'}
                            ]
                        },
                        {
                            name: 'PHP 后端开发技术'
                        }
                    ]
                },
                {
                    name: '网络安全技术',
                    children: [
                        {name: 'Linux 系统安全'},
                        {name: '代码审计安全'},
                        {name: '渗透测试安全'}
                    ]
                }]
        }
    },
    components: {
```

```
        CategoryComponent
    }
    }).mount('#app');
</script>
```

在谷歌浏览器中运行程序，效果如图 11-21 所示。

图 11-21　树状项目分类

第 12 章

虚拟 DOM 和 render()函数

与其他的前端开发框架相比，Vue.js 的优势是执行性能比较高，这里有一个很重要的原因就是 Vue.js 采用虚拟 DOM 机制。虽然大多数情况下，Vue.js 推荐使用模板构建 HTML，但是在某些场景下，可能需要 JavaScript 的编程能力，这时就需要使用 render()函数，它比模板更接近编辑器。通过本章内容的学习，读者可以了解虚拟 DOM 和 render()函数的使用方法。

12.1 虚拟 DOM

DOM 即文档对象模型，它提供了对整个文档的访问模型，将文档作为一个树形结构，树的每个结点表示了一个 HTML 标签或标签内的文本项。DOM 树结构精确地描述了 HTML 文档中标签间的相互关联性。浏览器在解析 HTML 文档时，会将文档中的元素、注释、文本等标记按照它们的层级关系转化为 DOM 树。一个元素要想在页面中显示，则必须在 DOM 中存在该节点，也就是必须将该元素节点添加到现有 DOM 树中的某个节点下，才能渲染到页面中。同样地，如果需要删除某个元素，也需要从 DOM 树中删除该元素对应的节点。如果每次要改变页面展示的内容，只能通过遍历查询 DOM 树，然后修改 DOM 树，从而达到更新页面的目的，这个过程相当消耗资源。

为了解决这个问题，虚拟 DOM 概念随着 React 的诞生而诞生，其由 Facebook 提出，其卓越的性能很快得到广大开发者的认可。因为每次查询 DOM 几乎都需要遍历整个 DOM 树，如果建立一个与 DOM 树对应的虚拟 DOM 对象，也就是 JavaScript 对象，以对象嵌套的方式来表示 DOM 树及其层级结构，那么每次 DOM 的修改就变成了对 JavaScript 对象的属性的操作，由于操作 JavaScript 对象比操作 DOM 要快得多，从而大幅度减少性能的开支。

Vue 从 2.0 开始也在其核心引入了虚拟 DOM 的概念，Vue.js 3.x 重写了虚拟 DOM 的实现，从而让性能更加优秀。Vue 在更新真实的 DOM 树之前，先比较更新前后虚拟 DOM 结构中有差异的部分，然后采用异步更新队列的方式将差异部分更新到真实 DOM 中，从而减少了最终要在真实 DOM 上执行的操作次数，提高了页面的渲染效率。

12.2　render()函数

大多数情况下，Vue 通过 template 来创建 HTML。但是在特殊情况下，可能需要 JavaScript 的编程能力，这时可以使用 render()函数，它比模板更接近编译器。

下面通过一个简单的例子，了解 render()函数的优势。假设需要生成一些带锚点的标题，基础代码如下：

```
<h1>
  <a name="hello-world" href="#hello-world">
      Hello world!
  </a>
</h1>
```

由于锚点标题的使用非常频繁，考虑到标题的级别包括 h1~h6，可以将标题的级别定义成组件的 prop，在调用组件时，可以通过该 prop 动态设置标题元素的级别。代码如下：

```
<anchored-heading :level="1">Hello world!</anchored-heading>
```

接下来就是组件的实现代码：

```
const app = createApp({})
app.component('anchored-heading', {
  template: '
    <h1 v-if="level === 1">
      <slot></slot>
    </h1>
    <h2 v-else-if="level === 2">
      <slot></slot>
    </h2>
    <h3 v-else-if="level === 3">
      <slot></slot>
    </h3>
    <h4 v-else-if="level === 4">
      <slot></slot>
    </h4>
    <h5 v-else-if="level === 5">
      <slot></slot>
    </h5>
    <h6 v-else-if="level === 6">
      <slot></slot>
    </h6>
  ',
  props: {
    level: {
      type: Number,
      required: true
    }
  }
})
```

上述通过模板的方式实现起来不仅冗长，而且为每个级别标题都重复书写了<slot></slot>。当添加锚元素时，还必须在每个 v-if/v-else-if 分支中再次复制<slot>元素。

下面通过 render()函数重写上述的例子。

【例 12.1】通过 render()函数渲染动态标题组件（源代码\ch12\12.1.html）。

```
<div id="app">
    <anchored-heading :level="2">
        <a name="hello-world" href="#hello-world">
            相顾无相识，长歌怀采薇。
        </a>
    </anchored-heading>
</div>
<script src="https://unpkg.com/vue@next"></script>
<script>
    const app = Vue.createApp({})
    app.component('anchored-heading', {
        render() {
            const { h } = Vue
            return h(
              'h' + this.level, // 标签名
              {}, // prop 或 attribute
              this.$slots.default() // 包含其子节点的数组
            )
        },
        props: {
            level: {
                type: Number,
                required: true
            }
        }
    })
    app.mount('#app')
</script>
```

可见使用 render()函数的实现要精简得多。需要注意的是，向组件中传递不带 v-slot 指令的子节点时，比如 anchored-heading 中的 Hello world!，这些子节点被存储在组件实例中的$slots.default中。在谷歌浏览器中运行程序，渲染效果如图 12-1 所示。

图 12-1 动态标题组件的渲染效果

下面继续分析上述示例中的 render()函数，代码如下：

```
render() {
    const { h } = Vue
        return h(
            'h' + this.level, // 标签名
            {}, // prop 或 attribute
            this.$slots.default() // 包含其子节点的数组
        )
}
```

　　这里最重要的就是 h()函数，h()函数到底会返回什么呢？其实 h()函数返回的不是一个实际的 DOM 元素，而是一个 JavaScript 对象，其中所包含的信息会告诉 Vue，需要在页面上渲染什么样的节点，包括及其子节点的描述信息，也就是虚拟节点（Virtual Node），简称 VNode。

　　可见，h()函数的主要作用就是创建一个 VNode，可以更准确地将其命名为 createVNode()，但由于频繁使用，为了简洁，它被命名为 h()。h()函数接受 3 个参数，代码如下：

```
// @returns {VNode}
h(
    // 第一个参数，必需的
// {String | Object | Function} tag
  // 一个 HTML 标签名、一个组件、一个异步组件或一个函数式组件
  'div',
  // 第二个参数，可选的
  // {Object} props
  // 与 attribute、prop 和事件相对应的对象。这会在模板中用到
  {},
  // 第三个参数，可选的
  // {String | Array | Object} children
  // 子虚拟节点，使用 h() 函数构建，或使用字符串获取"文本 VNode"或者有插槽的对象
  [
    '先写一些文本',
    h('h1', '一级标题'),
    h(MyComponent, {
      someProp: 'foobar'
    })
  ]
)
```

　　从上述代码可知，h()函数的第一个参数是必需的，主要用于提供 DOM 的 HTML 内容，类型可以是字符串、对象或函数；第二个参数是可选的，用于设置这个 DOM 的一些样式、属性、传的组件的参数、绑定事件之类；第三个参数是可选的，表示子节点的信息，以数组形式给出，如果该元素只有文本子节点，则直接以字符串形式给出，如果还有子元素，则继续调用 h()函数。

12.3　创建组件的 VNode

在创建组件的 VNode 之前，首先需要知道组件树中的所有 VNode 必须是唯一的。这意味着，下面的渲染函数是不合法的：

```
render() {
  const myParagraphVNode = h('p', 'hi')
  return h('div', [
    // 错误 - 重复的 Vnode!
    myParagraphVNode, myParagraphVNode
  ])
}
```

如果真的需要重复很多次的元素/组件，建议可以使用工厂函数来实现。例如，下面这个渲染函数使用完全合法的方式渲染了 20 个相同的段落，如下所示：

```
render() {
  return h('div',
    Array.from({ length: 20 }).map(() => {
      return h('p', 'hi')
    })
  )
}
```

要为某个组件创建一个 VNode，传递给 h()函数的第一个参数应该是组件本身。代码如下：

```
render() {
  return h(ButtonCounter)
}
```

如果需要通过名称来解析一个组件，那么可以调用 resolveComponent，它是模板内部用来解析组件名称的同一个函数：

```
const { h, resolveComponent } = Vue
// ...
render() {
    const ButtonCounter = resolveComponent('ButtonCounter')
    return h(ButtonCounter)
}
```

render()函数通常只需要对全局注册的组件使用 resolveComponent。而对于局部注册的组件却可以跳过，请看下面的例子：

```
// 此写法可以简化
components: {
  ButtonCounter
},
render() {
  return h(resolveComponent('ButtonCounter'))
}
```

这里可以直接使用它，而不是通过名称注册一个组件，然后再查找：

```
render() {
  return h(ButtonCounter)
}
```

12.4　使用 JavaScript 代替模板功能

在使用 Vue 模板的时候，可以在模板中灵活使用 v-if、v-for、v-model 和<slot>之类的元素。但在 render()函数中没有提供专用的 API。如果在 render 使用，需要使用原生的 JavaScript 来实现。

12.4.1　v-if 和 v-for

v-if 和 v-for 在 render()函数中可以使用 if/else 和 map 来实现 template 中的 v-if 和 v-for。使用 render()函数的代码如下所示：

```
<ul v-if="items.length">
   <li v-for="item in items">{{ item }}</li>
</ul>
<p v-else>苹果</p>
```

换成 render()函数，代码如下所示：

```
Vue.component('item-list',{
   props: ['items'],
   render: function (createElement) {
     if (this.items.length) {
       return createElement('ul', this.items.map((item) => { return createEle
ment('item') }))
     } else {
       return createElement('p', 'No items found.')
     }
   }
})
<div id="app">
   <item-list :items="items"></item-list>
</div>
let app = new Vue({ el: '#app', data () {
   return { items: ['花朵', 'W3cplus', 'blog'] }
 }
})
```

render()函数中也没有与 v-model 相应的 API，如果要实现 v-model 类似的功能，同样需要使用原生 JavaScript 来实现。代码如下所示：

```
<div id="app">
   <el-input :name="name" @input="val => name = val"></el-input>
</div>
```

```
Vue.component('el-input', {
  render: function (createElement) {
    var self = this return createElement('input', {
      domProps: { value: self.name },
      on: { input: function (event) {
        self.$emit('input', event.target.value)
        }
      }
    })
  },
props: { name: String }
})
let app = new Vue({
  el: '#app',
  data () {
   return { name: '花朵' }
  }
})
```

这就是深入底层需要自己写原生代码，比较麻烦一点，但是对于 v-model 来说，可以更灵活地
进行控制。

12.4.2　v-on

我们必须为事件处理程序提供一个正确的 prop 名称。例如，要处理 click 事件，prop 名称应该
是 onClick。相关代码如下：

```
render() {
  return h('div', {
    onClick: $event => console.log('clicked', $event.target)
  })
}
```

12.4.3　事件和按键修饰符

对于.passive、.capture 和.once 事件修饰符，可以使用驼峰写法将它们拼接在事件名后面，相关
的代码如下：

```
render() {
  return h('input', {
    onClickCapture: this.doThisInCapturingMode,
    onKeyupOnce: this.doThisOnce,
    onMouseoverOnceCapture: this.doThisOnceInCapturingMode
  })
}
```

对于所有其他的修饰符，私有前缀都不是必需的，因为可以在事件处理函数中使用事件方法实
现相同的功能，如表 12-1 所示。

表12-1　与修饰符等价的处理方法

修饰符	处理函数中的等价操作
.stop	event.stopPropagation()
.prevent	event.preventDefault()
.self	if (event.target !== event.currentTarget) return
按键：.enter、.13	if (event.keyCode !== 13) return（对于别的按键修饰符来说，可将 13 改为另一个按键码）
修饰键：.ctrl、.alt、.shift、.meta	if (!event.ctrlKey) return（将 ctrlKey 分别修改为 altKey、shiftKey 或 metaKey）

下面是一个使用所有修饰符的例子：

```
render() {
    return h('input', {
        onKeyUp: event => {
            // 如果触发事件的元素不是事件绑定的元素
            // 则返回
            if (event.target !== event.currentTarget) return
            // 如果向上键不是回车键，则终止
            // 没有同时按下按键 (13) 和 shift 键
            if (!event.shiftKey || event.keyCode !== 13) return
            // 停止事件传播
            event.stopPropagation()
            // 阻止该元素默认的 keyup 事件
            event.preventDefault()
            // ...
        }
    })
}
```

12.4.4　插槽

通过 this.$slots 访问静态插槽的内容，每个插槽都是一个 VNode 数组，相关的代码如下：

```
render() {
    // '<div><slot></slot></div>'
    return h('div', {}, this.$slots.default())
}
//访问作用域插槽
props: ['message'],
render() {
    // '<div><slot :text="message"></slot></div>'qdrg
    return h('div', {}, this.$slots.default({
        text: this.message
    }))
}
```

如果要使用渲染函数将插槽传递给子组件，请执行以下操作：

```
const { h, resolveComponent } = Vue
```

```
render() {
    // '<div><child v-slot="props"><span>{{ props.text }}</span></child></div>'

    return h('div', [
      h(
        resolveComponent('child'),
        {},

        // 将 'slots' 以 { name: props => VNode | Array<VNode> } 的形式传递给子对象
        {
          default: (props) => Vue.h('span', props.text)
        }
      )
    ])
}
```

插槽以函数的形式传递，允许子组件控制每个插槽内容的创建。任何响应式数据都应该在插槽函数内访问，以确保它被注册为子组件的依赖关系，而不是父组件。相反，对 resolveComponent 的调用应该在插槽函数之外进行，否则它们会相对于错误的组件进行解析。相关的代码如下：

```
// '<MyButton><MyIcon :name="icon" />{{ text }}</MyButton>'
render() {
    // 应该是在插槽函数外面调用 resolveComponent。
    const Button = resolveComponent('MyButton')
    const Icon = resolveComponent('MyIcon')

    return h(
      Button,
      null,
      {
        // 使用箭头函数保存 'this' 的值
        default: (props) => {
          // 响应式 property 应该在插槽函数内部读取，
          // 这样它们就会成为 children 渲染的依赖
          return [
            h(Icon, { name: this.icon }),
            this.text
          ]
        }
      }
    )
}
```

如果一个组件从它的父组件中接收到插槽，它们可以直接传递给子组件。相关的代码如下：

```
render() {
    return h(Panel, null, this.$slots)
}
```

也可以根据情况单独传递或包裹住。相关的代码如下：

```
render() {
    return h(
      Panel,
```

```
      null,
      {
        // 如果我们想传递一个槽函数，我们可以通过
        header: this.$slots.header,
        //如果我们需要以某种方式对插槽进行操作,
        //那么我们需要用一个新的函数来包裹它
        default: (props) => {
          const children = this.$slots.default ? this.$slots.default(props) : []
          return children.concat(h('div', 'Extra child'))
        }
      }
    )
  }
```

12.5　函数式组件

　　函数式组件是自身没有任何状态的组件的另一种形式。它们在渲染过程中不会创建组件实例，并跳过常规的组件生命周期。使用一个简单函数，而不是一个选项对象，来创建函数式组件。该函数实际上就是该组件的 render()函数。而因为函数式组件里没有 this 引用，Vue 会把 props 当作第一个参数传入：

```
const FunctionalComponent = (props, context) => {
  // ...
}
```

　　上面的参数 context 包含三个 property：attrs、emit 和 slots。它们分别相当于实例的 $attrs、$emit 和$slots。

　　大多数常规组件的配置选项在函数式组件中都不可用。然而可以把 props 和 emits 作为 property 加入，以达到定义它们的目的：

```
FunctionalComponent.props = ['value']
FunctionalComponent.emits = ['click']
```

　　如果这个 props 选项没有被定义，那么被传入函数的 props 对象就会像 attrs 一样，会包含所有 attribute。除非指定了 props 选项，否则每个 prop 的名字将不会基于驼峰命名法被一般化处理。

12.6　JSX

　　JSX 的全称是 JavaScript XML，是一种 JavaScript 的语法扩展，用于描述应用界面。其格式比较像模板语言，但事实上完全是 JavaScript 内部实现的。

　　如果在开发过程中经常使用 template，忽然运用 render()函数来写，会感觉不适应的情况。特别是一些简单的模板，在 render()函数中编写也很复杂，而且模板的 DOM 结构面目全非，可读性很差。例如以下 DOM 结构的代码：

```
<anchored-heading :level="1">
    <span>Hello</span> world!
</anchored-heading>
```

如果不使用 JSX 语法，则使用 render()函数的实现代码如下：

```
h(
    'anchored-heading',
    {
     level: 1
    },
    {
     default: () => [h('span', 'Hello'), ' world!']
    }
)
```

如果使用 JSX 语法，则使用 render()函数的实现代码如下：

```
import AnchoredHeading from './AnchoredHeading.vue'
const app = createApp({
    render() {
     return (
       <AnchoredHeading level={1}>
         <span>Hello</span> world!
       </AnchoredHeading>
     )
    }
})
app.mount('#demo')
```

可见使用 JSX 语法后，代码更接近于模板的语法，而且可以优化传递参数的过程。

12.7　项目实训——设计商品采购信息列表

下面的示例将使用 render()函数设计一个商品采购信息列表。

【例 12.2】设计商品采购信息列表（源代码\ch12\12.2.html）。

```
<div id="app">
    <post-list></post-list>
</div>
<script src="https://unpkg.com/vue@next"></script>
<script>
    const app = Vue.createApp({})
    // 父组件
    app.component('PostList', {
        data() {
            return {
                posts: [
                    {id: 1001, title: '洗衣机', author: '海尔', date: '2022-1
```

```
0-21', vote: 1000},
                          {id: 1002, title: '冰箱', author: '美的', date: '2022-10-
10', vote: 1000},
                          {id: 1003, title: '电视机', author: '创维', date: '2022-1
1-11', vote:1000},
                          {id: 1004, title: '电脑', author: '戴尔', date: '2022-11-
11 ', vote:1000},
                ]
            }
        },
        methods: {
            // 自定义事件 vote 的事件处理器方法
            handleVote(id){
                this.posts.map(item => {
                    item.id === id ? {...item, voite: ++item.vote} : item;
                })
            }
        },
        render(){
                let postNodes = [];
                // this.posts.map 取代 v-for 指令，循环遍历 posts，
                // 构造子组件的虚拟节点
                this.posts.map(post => {
                    let node = Vue.h(Vue.resolveComponent('PostListIt
em'), {
                            post: post,
                            onVote: () => this.handleVote(post.id)
                        });
                    postNodes.push(node);
                })
                return Vue.h('div', [
                        Vue.h('ul', [
                                postNodes
                            ]
                        )
                    ]
                );
        },
    });

    // 子组件
    app.component('PostListItem', {
        props: {
            post: {
                type: Object,
                required: true
            }
        },
        render(){
            return Vue.h('li', [
```

```
                              Vue.h('p', [
                                  Vue.h('span',
                                      // 这是<span>元素的内容
                                      '编号: '+ this.post.id +'| 商品名称: '+
this.post.title + ' | 品牌: ' + this.post.author  + ' |采购时间: ' + this.post.date+
' | 采购数量: ' + this.post.vote
                                  ),
                                  Vue.h('button', {
                                      onClick: () => this.$emit('vote')

                                  },'增加采购数量')
                              ]
                          )
                      ]
                  );
              }
          });
          app.mount('#app')
</script>
```

在谷歌浏览器中运行程序，效果如图 12-2 所示。

图 12-2　商品采购信息列表效果

第 13 章

精通 Vue CLI 和 Vite

开发大型单页面应用时，需要考虑项目的组织结构、项目构建、部署、热加载等问题，这些工作非常耗费时间，影响项目的开发效率。为此，本章将介绍一些能够创建脚手架的工具。脚手架致力于将 Vue 生态中的工具基础标准化。它确保了各种构建工具能够基于智能的默认配置即可平稳衔接，这样开发者可以专注在开发应用的核心业务上，而不必花时间去纠结配置的问题。

13.1 脚手架的组件

Vue CLI 是一个基于 Vue.js 进行快速开发的完整系统，提供以下功能：

（1）通过@vue/cli 搭建交互式的项目脚手架。

（2）通过@vue/cli + @vue/cli-service-global 快速开始零配置原型开发。

（3）一个运行时的依赖（@vue/cli-service），该依赖基于 webpack 构建，并带有合理的默认配置，该依赖可升级，也可以通过项目内的配置文件进行配置，还可以通过插件进行扩展。

（4）一个丰富的官方插件集合，集成了前端生态中最好的工具。

（5）一套完全图形化的、创建和管理 Vue.js 项目的用户界面。

Vue CLI 有几个独立的部分——如果了解过 Vue 的源代码，会发现这个仓库里同时管理了多个单独发布的包。

1. CLI

CLI（@vue/cli）是一个全局安装的 NPM 包，提供了终端里的 Vue 命令。它可以通过 vue create 命令快速创建一个新项目的脚手架，或者直接通过 vue serve 命令构建新想法的原型。也可以使用 vue ui 命令，通过一套图形化界面管理所有项目。

2. CLI 服务

CLI 服务（@vue/cli-service）是一个开发环境依赖。它是一个 NPM 包，局部安装在每个@vue/cli 创建的项目中。

CLI 服务构建于 webpack 和 webpack-dev-server 之上，它包含了：

（1）加载其他 CLI 插件的核心服务。

（2）一个针对绝大部分应用优化过的内部的 webpack 配置。

（3）项目内部的 vue-cli-service 命令，提供 serve、build 和 inspect 命令。

（4）熟悉 create-react-app 的话，@vue/cli-service 实际上大致等价于 react-scripts，尽管功能集合不一样。

3. CLI 插件

CLI 插件是向 Vue 项目提供可选功能的 NPM 包，例如 Babel/TypeScript 转译、ESLint 集成、单元测试和 end-to-end 测试等。Vue CLI 插件的名字以@vue/cli-plugin-（内建插件）或 vue-cli-plugin-（社区插件）开头，非常容易使用。在项目内部运行 vue-cli-service 命令时，它会自动解析并加载 package.json 中列出的所有 CLI 插件。

插件可以作为项目创建过程的一部分，或在后期加入到项目中。它们也可以被归成一组可复用的 preset。

13.2　脚手架环境搭建

新版本的脚手架包名称由 vue-cli 改成了@vue/cli。如果已经全局安装了旧版本的 vue-cli（1.x 或 2.x），需要先通过 npm uninstall vue-cli -g 或 yarn global remove vue-cli 卸载它。Vue CLI 需要 Node.js 8.9 或更高版本，推荐使用 8.11.0+。

在浏览器中打开 Node.js 官网 https://nodejs.org/en/，如图 13-1 所示，这里推荐下载稳定版本。下载完成文件后，双击安装文件即可按提示安装 Node.js。

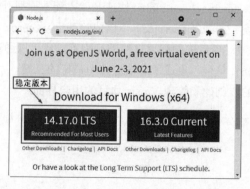

图 13-1　Node 官网

安装完成后，需要检测是否安装成功。具体步骤如下：

步骤01 打开"DOS 系统"窗口。使用 windows+R 快捷键打开运行对话框，然后在运行对话框中输入"cmd"命令，如图 13-2 所示。

步骤02 单击"确定"按钮，即可打开"DOS 系统"窗口，输入命令"node -v"，然后按回车键，如果出现 Node 对应的版本号，则说明安装成功，如图 13-3 所示。

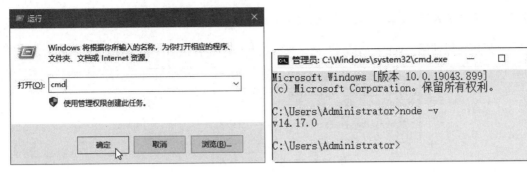

图 13-2　运行对话框中输入 cmd　　　　图 13-3　检查 Node 版本

提示： 因为 Node.js 已经自带 NPM（包管理工具），直接在 DOS 系统窗口中输入"npm -v"来检验其版本，如图 13-4 所示。

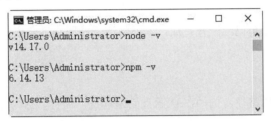

图 13-4　检验 NPM 版本

13.3　安装脚手架

可以使用下列其中一个命令来安装脚手架：

```
npm install -g @vue/cli
```

或者

```
yarn global add @vue/cli
```

这里使用"npm install -g @vue/cli"命令来安装。在窗口中输入命令，并按回车键，即可进行安装，如图 13-5 所示。

```
C:\Users\Administrator>npm install -g @vue/cli
Math.random() in certain circumstances, which is known to be problematic.  See https://v8.dev/bl
og/math-random for details.
[................] / fetchMetadata: sill resolveWithNewModule mime-db@1.48.0 checking installa
ble statu[................] / fetchMetadata: sill resolveWithNewModule mime-db@1.48.0 checking
 installable sta[................] / fetchMetadata: sill resolveWithNewModule mime-db@1.48.0 c
hecking install[................] / fetchMetadata: sill resolveWithNewModule mime-db@1.48.0 ch
ecking installab[................] / fetchMetadata: sill resolveWithNewModule mime-db@1.48.0 ch
ecking install[................] / fetchMetadata: sill resolveWithNewModule mime-db@1.48.0 check
ing ins[................] | fetchMetadata: sill resolveWithNewModule ajv@6.12.6 checking insta
[................] | fetchMetadata: sill resolveWithNewModule is-property@1.0.2 checking inst
```

图 13-5　安装脚手架

提示：除了使用 NPM 安装之外，还可以使用淘宝镜像（cnpm）来进行安装，安装的速度更快。

安装之后，可以使用 "vue --version" 命令来检查其版本是否正确（4.x），如图 13-6 所示。

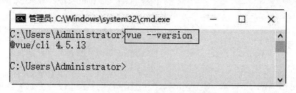

图 13-6　检查脚手架版本

13.4　创建项目

在上节中，脚手架的环境已经配置完成，本节将演示使用脚手架来快速创建项目。

13.4.1　使用命令

首先要打开创建项目的路径，例如在 D:磁盘创建项目，项目名称为 mydemo。
具体步骤如下：

步骤01 打开 "DOS 系统" 窗口，在窗口中输入 "D:" 命令，按回车键进入 D 盘，如图 13-7 所示。

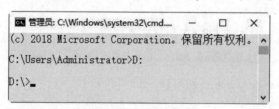

图 13-7　进入项目路径

步骤02 在 D 盘创建 mydemo 项目。在 DOS 系统窗口中输入 "vue create mydemo" 命令，按下回车键进行创建。紧接着会提示配置方式，包括 Vue 2 默认配置、Vue 3 默认配置和手动配置，使用方向键选择第二个选项，如图 13-8 所示。

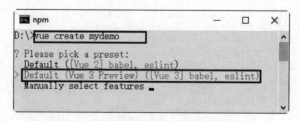

图 13-8　选择配置方式

注意：项目的名称不能大写，否则无法创建。

步骤03 这里选择 Vue 3 默认配置，直接按下回车键，即可创建 mydemo 项目，并显示创建的过程，如图 13-9 所示。

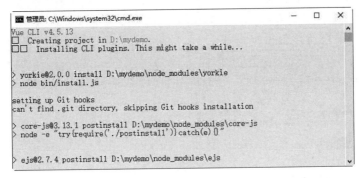

图 13-9　创建 mydemo 项目

步骤 04 项目创建完成后，如图 13-10 所示。这时即可在 D 盘上看见创建的项目文件夹，如图 13-11 所示。

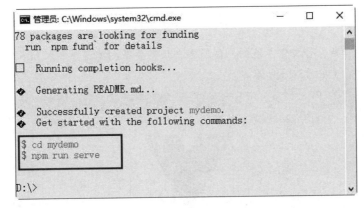

图 13-10　项目创建完成

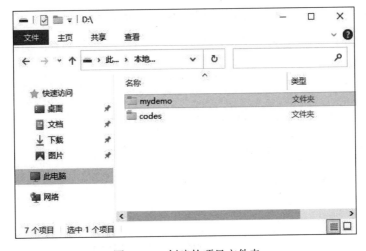

图 13-11　创建的项目文件夹

步骤 05 项目创建完成后，可以启动项目。紧接着上面的步骤，使用 "cd mydemo" 命令进入到项目，然后使用脚手架提供的 "npm run serve" 命令启动项目，如图 13-12 所示。

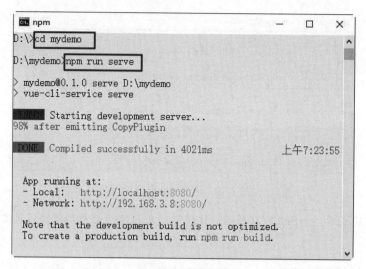

图 13-12　启动项目

步骤 **06** 项目启动成功后，会提供本地的测试域名，只需要在浏览器中输入 http://localhost:8080/，即可打开项目，如图 13-13 所示。

图 13-13　在浏览器中打开项目

提示：vue create 命令有一些可选项，可以通过运行以下命令进行探索：

```
vue create --help
```

选项：

```
-p, --preset <presetName>        忽略提示符并使用已保存的或远程的预设选项
-d, --default                    忽略提示符并使用默认预设选项
-i, --inlinePreset <json>        忽略提示符并使用内联的 JSON 字符串预设选项
-m, --packageManager <command>   在安装依赖时使用指定的 npm 客户端
-r, --registry <url>             在安装依赖时使用指定的 npm registry
-g, --git [message]              强制/跳过 git 初始化，并可选的指定初始化提交信息
```

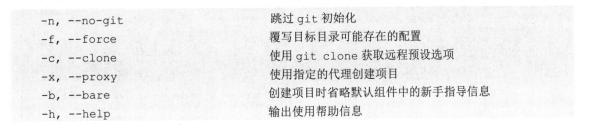

-n, --no-git	跳过 git 初始化
-f, --force	覆写目标目录可能存在的配置
-c, --clone	使用 git clone 获取远程预设选项
-x, --proxy	使用指定的代理创建项目
-b, --bare	创建项目时省略默认组件中的新手指导信息
-h, --help	输出使用帮助信息

13.4.2　使用图形化界面

还可以通过 vue ui 命令，以图形化界面创建和管理项目。这里创建项目名称为"myapp"。
具体步骤如下：

步骤 01 打开"命令提示符"窗口，在窗口中输入"D:"命令，回车进入 D 盘根目录下。然后在窗口中输入"vue ui"命令，按回车键，如图 13-14 所示。

图 13-14　启动图形化界面

步骤 02 紧接着会在本地默认的浏览器上打开图形化界面，如图 13-15 所示。

步骤 03 在图形化界面单击"创建"按钮，将显示创建项目的路径，如图 13-16 所示。

图 13-15　默认浏览器打开图形化界面

图 13-16　单击"创建"按钮

步骤 04 单击"在此创建新项目"，显示创建项目的界面，输入项目的名称"myapp"，在详情选项中根据需要进行选择，如图 13-17 所示。

步骤 05 单击"下一步"按钮，将展示"预设"选项，如图 13-18 所示。根据需要选择一套预设即可，这里选择第二项的预设方案。

图 13-17 详情选项配置

图 13-18 预设选项配置

步骤 06 单击"创建项目"按钮进行项目创建。项目创建完成后，在 D 盘下即可看到 myapp 项目的文件夹。浏览器中将显示如图 13-19 所示的界面。用户可以分别查看其他四个部分：插件、依赖、配置和任务。

图 13-19 创建完成浏览器显示效果

13.5 分析项目结构

打开 mydemo 文件夹，目录结构如图 13-20 所示。

图 13-20　项目目录结构

项目目录下的文件夹和文件的用途如下：

（1）node_modules 文件夹：项目依赖的模块。

（2）public 文件夹：该目录下的文件不会被 Webpack 编译压缩处理，引用第三方库的 js。

（3）src 文件夹：项目的主目录。

（4）.gitignore：配置在 git 提交项目代码时忽略哪些文件或文件夹。

（5）babel.config.js：Babel 使用的配置文件。

（6）package.json：NPM 的配置文件，其中设定了脚本和项目依赖的库。

（7）package-lock.json：用于锁定项目实际安装的各个 NPM 包的具体来源和版本号。

（8）REDAME.md：项目说明文件。

下面分析几个关键的文件代码。src 文件夹下的 App.vue 文件和 main.js 文件、public 文件夹下的 index.html 文件。

1. App.vue 文件

该文件是一个单文件组件，包含了组件代码、模板代码和 CSS 样式规则。这里引入了 HelloWord 组件，然后在 template 中使用它。具体代码如下：

```
<template>
  <img alt="Vue logo" src="./assets/logo.png">
  <HelloWorld msg="Welcome to Your Vue.js App"/>
</template>
<script>
import HelloWorld from './components/HelloWorld.vue'
export default {
  name: 'App',
  components: {
    HelloWorld
  }
}
</script>
```

```
<style>
#app {
 font-family: Avenir, Helvetica, Arial, sans-serif;
 -webkit-font-smoothing: antialiased;
 -moz-osx-font-smoothing: grayscale;
 text-align: center;
 color: #2c3e50;
 margin-top: 60px;
}
</style>
```

2. main.js 文件

该文件是程序入口的 JavaScript 文件，主要用于加载各种公共组件和项目需要用到的各种插件，并创建 Vue 的根实例。具体代码如下：

```
import { createApp } from 'vue'    //Vue 3.0 中新增的 Tree-shaking 支持
import App from './App.vue'        //导入 App 组件

createApp(App).mount('#app')           //创建应用程序实例，加载应用程序实例的跟组件
```

3. index.html 文件

该文件为项目的主文件，这里包含一个 id 为 app 的 div 元素，组件实例会自动挂载到该元素上。具体代码如下：

```
<!DOCTYPE html>
<html lang="">
  <head>
    <meta charset="utf-8">
    <meta http-equiv="X-UA-Compatible" content="IE=edge">
    <meta name="viewport" content="width=device-width,initial-scale=1.0">
    <link rel="icon" href="<%= BASE_URL %>favicon.ico">
    <title><%= htmlWebpackPlugin.options.title %></title>
  </head>
  <body>
    <noscript>
      <strong>We're sorry but <%= htmlWebpackPlugin.options.title %> doesn't work properly without JavaScript enabled. Please enable it to continue.</strong>
    </noscript>
    <div id="app"></div>
    <!-- built files will be auto injected -->
  </body>
</html>
```

13.6　配置 Scss、Less 和 Stylus

现在流行的 CSS 预处理器有 Less、Sass 和 Stylus 等，如果想要在 Vue CLI 创建的项目中使用这

些预处理器，可以在创建项目的时候进行配置。下面以配置 SCSS 为例进行讲解，其他预处理的设置方法类似。

步骤 01 使用"vue create sassdemo"命令创建项目时，选择手动配置模块，如图 13-21 所示。

步骤 02 按回车键，进入模块配置界面，然后通过空格键选择要配置的模块，这里选择"CSS Pre-processors"来配置预处理器，如图 13-22 所示。

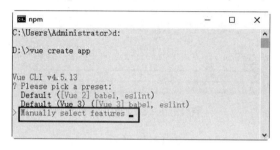

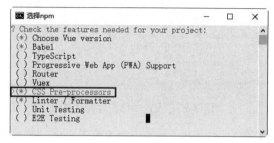

图 13-21　手动配置模块　　　　　　　　　　　　图 13-22　模块配置界面

步骤 03 按回车键，进入选择版本界面，这里选择 3.x 选项，如图 13-23 所示。

步骤 04 按回车键，进入 CSS 预处理器选择界面，这里选择 Sass/SCSS(with dart-scss)，如图 13-24 所示。

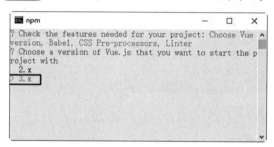

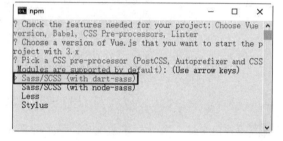

图 13-23　选择 3.x 选项　　　　　　　　　　　　图 13-24　选择 Sass/SCSS(with dart-scss)

步骤 05 按回车键，进入到代码格式和校验选项界面，这里选择默认的第一项，表示仅用于错误预防，如图 13-25 所示。

步骤 06 按回车键，进入何时检查代码界面，这里选择默认的第一项，表示保存时检测，如图 13-26 所示。

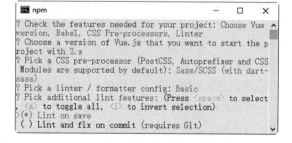

图 13-25　代码格式和校验选项界面　　　　　　　图 13-26　何时检查代码界面

步骤 07 按回车键，设置如何保存配置信息，第 1 项表示在专门的配置文件中保存配置信息，第 2 项表示在 package.json 文件中保存配置信息，这里选择第 1 项，如图 13-27 所示。

步骤08 按回车键，设置是否保存本次设置，如果选择保存本次设置，以后再使用 vue create 命令创建项目时，会出现保存过的配置供用户选择。这里输入"y"，表示保存本次设置，如图 13-28 所示。

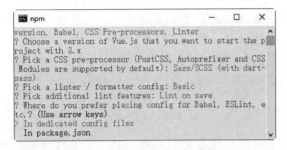

图 13-27 设置如何保存配置信息 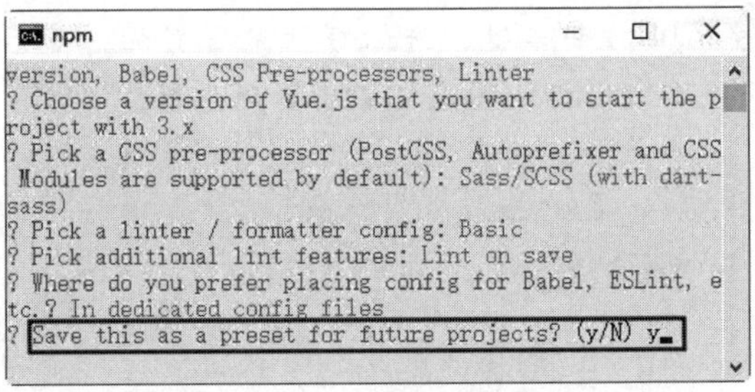　　　　　　　　　图 13-28 保存本次设置

步骤09 按回车键，为本次配置取个名字，这里输入"myset"，如图 13-29 所示。

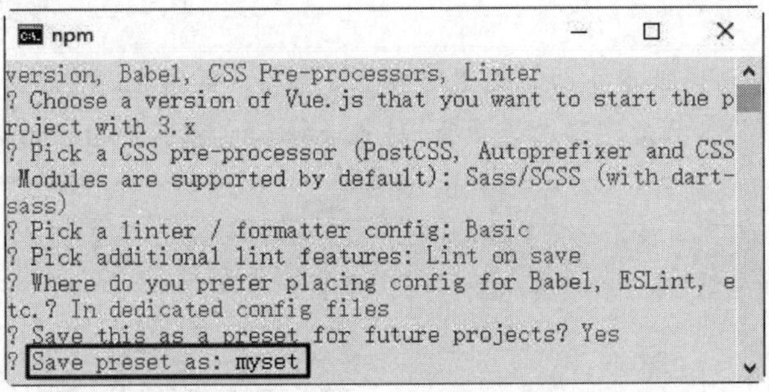

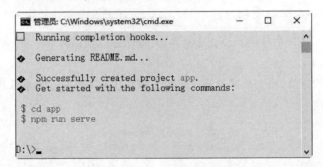

图 13-29 设置本次设置的名字

步骤10 按回车键，项目创建完成后，结果如图 13-30 所示。

图 13-30 项目创建完成

项目创建完成之后，在组件的 style 标签中添加 lang=" scss"，便可以使用 scss 预处理器了。

在 App.vue 组件编写代码，定义了 2 个 div 元素，使用 scss 定义其样式，代码如下：

```
<template>
  <div class="hello">
    <div class="big-box">
    大盒子
    <div class="small-box">
      小盒子
```

```
        </div>
      </div>
    </div>
</template>
<script>
export default {
  name: 'HelloWorld',
}
</script>
<style lang="scss">
  .big-box{
    border: 1px solid red;
    width: 500px;
    height: 300px;

    .small-box {
      background-color: #ff0000;
      color: #000000;
      width: 200px;
      height: 100px;
      margin:20% 30%;
      color: #fff;
    }
  }
</style>
```

使用 "cd app" 命令进入项目，然后使用脚手架提供的 "npm run serve" 命令启动项目，在谷歌浏览器中运行项目，效果如图 13-31 所示。

图 13-31　项目运行效果

13.7　配置文件 gackage.json

gackage.json 是 JSON 格式的 NPM 配置文件，定义了项目所需要的各种模块，以及项目的配置信息。在项目开发中经常需要修改该文件的配置内容。gackage.json 的代码和注释如下：

```
{
  "name": " app ",                      //项目文件的名称
  "version": "0.1.0",                   //项目版本
  "private": true,                      //是否私有项目
  "scripts": {                  //值是一个对象，其中设置了项目生命周期各个环节需要执行的命令
    "serve": "vue-cli-service serve",     //执行 npm run server，运行项目
    "build": "vue-cli-service build",     //执行 npm run build，构建项目
    "lint": "vue-cli-service lint"       //执行 npm run lint，运行 ESLint 验证并格式
化代码

  "devDependencies": {        //这里的依赖是用于开发环境的，不发布到生产环境
    "@vue/cli-plugin-babel": "~4.5.0",
    "@vue/cli-plugin-eslint": "~4.5.0",
    "@vue/cli-service": "~4.5.0",
    "@vue/compiler-sfc": "^3.0.0",
    "babel-eslint": "^10.1.0",
    "eslint": "^6.7.2",
    "eslint-plugin-vue": "^7.0.0",
    "sass": "^1.26.5",
    "sass-loader": "^8.0.2"
  }
}
```

在使用 NPM 安装依赖的模块时，可以根据模块是否需要在生产环境下使用而选择附加-S 或者-D 参数。例如以下命令：

```
nmp install element-ui -S
//等价于
nmp install element-ui -save
```

安装后会在 dependencies 中写入依赖性，在项目打包发布时，dependencies 中写入的依赖性也会一起打包。

13.8　Vue.js 3.x 新增的开发构建工具 Vite

Vite 是 Vue 的作者尤雨溪开发的 Web 开发构建工具，它是一个基于浏览器原生 ES 模块导入的开发服务器，在开发环境下，利用浏览器解析 import，在服务器端按需编译返回，完全跳过打包的这个操作，服务器随启随用。可见，Vite 是专注于提供一个快速的开发服务器和基本的构建工具。

不过需要特别注意的是，Vite 是 Vue.js 3.x 新增的开发构建工具，目前仅仅支持 Vue.js 3.x，所以与 Vue.js 3.x 不兼容的也不能与 Vite 一起使用。

Vite 提供了 npm 和 yarm 命令方式创建项目。

例如使用 npm 命令创建项目 myapp，命令如下：

```
npm init vite-app myapp
cd myapp
npm install
```

```
npm run dev
```

执行过程如图 13-32 所示。

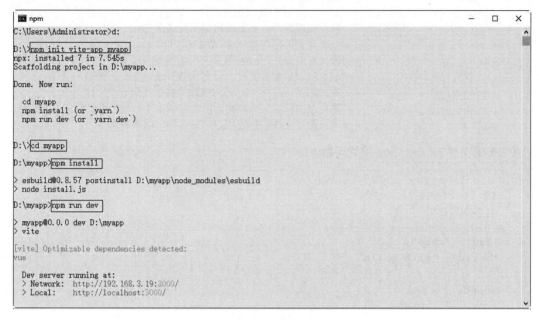

图 13-32 使用 npm 命令创建项目 myapp

项目启动成功后，会提供本地的测试域名，只需要在浏览器中输入 http://localhost:3000/，即可打开项目，如图 13-33 所示。

图 13-33 在浏览器中打开项目

使用 Vite 生成的项目结构和含义如下：

```
|-node_modules        -- 项目依赖包的目录
|-public              -- 项目公用文件
```

```
    |--favicon.ico          -- 网站地址栏前面的小图标
|-src                       -- 源文件目录，程序员主要工作的地方
    |-assets                -- 静态文件目录，图片图标，比如网站 Logo
    |-components            -- Vue 3.x 的自定义组件目录
    |--App.vue              -- 项目的根组件，单页应用都需要这个文件
    |--index.css            -- 一般项目的通用 CSS 样式写在这里，main.js 引入
    |--main.js              -- 项目入口文件，SPA 单页应用都需要入口文件
|--.gitignore               -- git 的管理配置文件，设置那些目录或文件不管理
|-- index.html              -- 项目的默认首页，Vue 的组件需要挂载到这个文件上
|-- package-lock.json       -- 项目包的锁定文件，用于防止包版本不一样导致的错误
|-- package.json            -- 项目配置文件，包管理、项目名称、版本和命令
```

其中配置文件 package.json 的代码如下：

```json
{
  "name": "myapp",
  "version": "0.0.0",
  "scripts": {
    "dev": "vite",
    "build": "vite build"
  },
  "dependencies": {
    "vue": "^3.0.4"
  },
  "devDependencies": {
    "vite": "^1.0.0-rc.13",
    "@vue/compiler-sfc": "^3.0.4"
  }
}
```

如果需要构建生产环境下的发布版本，则只需要在终端窗口执行以下命令：

```
npm run build
```

如果使用 yarn 命令创建项目 myapp，则依次执行以下命令：

```
yarn create  vite-app myapp
cd myapp
yarn
yarn dev
```

提示：如果没有安装 yarn，则执行以下命令安装 yarn：

```
npm install -g yarn
```

第14章

使用 Vue Router 开发单页面应用

在传统的多页面应用中，不同的页面之间的跳转都需要向服务器发起请求，服务器处理请求后向浏览器推送页面。但是，在单页面应用中，整个项目中只会存在一个 HTML 文件，当用户切换页面时，只是通过对这个唯一的 HTML 文件进行动态重写，从而达到响应用户的请求。由于访问的页面是并不真实存在的，页面间的跳转都是在浏览器端完成，这就需要用到前端路由。本章将重点学习官方的路由管理器 Vue Router。

14.1 使用 Vue Router

本节讲解如何在 HTML 页面和项目中使用 Vue Router。

14.1.1 在 HTML 页面使用路由

在 HTML 页面中使用路由，有以下几个步骤：

步骤01 首先需要将 Vue Router 添加到 HTML 页面，这里采用可以直接引用 CDN 的方式添加前端路由：

```
<script src="https://unpkg.com/vue-router@next"></script>
```

步骤02 使用 router-link 标签来设置导航链接：

```
<!-- 默认渲染成a标签 -->
<router-link to="/home">首页</router-link>
<router-link to="/list">列表</router-link>
<router-link to="/details">详情</router-link>
```

当然，默认生成的是 a 标签，如果想要将路由信息生成别的 HTML 标签，则可以使用 v-slot API 完全定制<router-link>。例如生成的标签类型为按钮。

```
<!--渲染成button标签-->
<router-link to="/list"  custom v-slot="{navigate}">
    <button @click="navigate" @keypress.enter="navigate"> 列表</button>
</router-link>
```

步骤03 指定组件在何处渲染，需要通过<router-view>指定：

```
<router-view></router-view>
```

当单击 router-link 标签时，会在<router-view>所在的位置渲染组件的模板内容。

步骤04 定义路由组件，这里定义的是一些简单的组件：

```
const home={template:'<div>home 组件的内容</div>'};
const list={template:'<div>list 组件的内容</div>'};
const details={template:'<div>details 组件的内容</div>'};
```

步骤05 定义路由，在路由中将前面定义的链接和定义的组件一一对应。

```
const routes=[
    {path:'/home',component:home},
    {path:'/list',component:list},
    {path:'/details',component:details},
];
```

步骤06 创建 Vue Router 实例，将上一步定义的路由配置作为选项传递进来。

```
const router= VueRouter.createRouter({
    //提供要实现的 history 实现。为了方便起见，这里使用 hash history
    history:VueRouter.createWebHashHistory(),
    routes//简写，相当于 routes: routes
});
```

步骤07 在应用实例中使用 use()方法，传入上一步创建的 router 对象，从而让整个应用程序使用路由。

```
const vm= Vue.createApp({});
//使用路由器实例，从而让整个应用都有路由功能
vm.use(router);
vm.mount('#app');
```

到这里，路由的配置就完成了。

【例 14.1】在 HTML 页面中使用路由（源代码\ch14\14.1.html）。

```
<style>
    #app{
        text-align: center;
    }
    .container {
        background-color: #73ffd6;
        margin-top: 20px;
        height: 100px;
    }
</style>
<div id="app">
```

```
        <!-- 通过 router-link 标签来生成导航链接 -->
        <router-link to="/home">首页</router-link>
        <router-link to="/list"  custom v-slot="{navigate}">
            <button @click="navigate" @keypress.enter="navigate"> 古诗欣赏</button>
</router-link>
        <router-link to="/about" >联系我们</router-link>
        <!--路由匹配到的组件将在这里渲染 -->
        <div  class="container">
            <router-view ></router-view>
        </div>
    </div>
    <script src="https://unpkg.com/vue@next"></script>
    <!--引入 Vue Router-->
    <script src="https://unpkg.com/vue-router@next"></script>
    <script>
        //定义路由组件
        const home={template:'<div>主页内容</div>'};
        const list={template:'<div>我不践斯境，岁月好已积。晨夕看山川，事事悉如昔。</p></
div>'};
        const about={template:'<div>需要技术支持请联系作者微信 codehome6</div>'};
        const routes=[
            {path:'/home',component:home},
            {path:'/list',component:list},
            {path:'/about',component:about},
        ];
        const router= VueRouter.createRouter({
            //提供要实现的 history 实现。为了方便起见，这里使用 hash history
            history:VueRouter.createWebHashHistory(),
            routes//简写，相当于 routes: routes
        });
        const vm= Vue.createApp({});
        //使用路由器实例，从而让整个应用都有路由功能
        vm.use(router);
        vm.mount('#app');
    </script>
```

在谷歌浏览器中运行程序，单击"古诗欣赏"链接，页面下面将显示对应的内容，如图 14-1 所示。

图 14-1　在 HTML 页面中使用路由

Vue 还可以嵌套路由，例如，在 list 组件中创建一个导航，导航包含古诗 1 和古诗 2 两个选项，每个选项的链接对应一个路由和组件。古诗 1 和古诗 2 两个选项分别对应 poetry1 和 poetry2 组件。

因此，在构建 URL 时，应该将该地址位于/list url 后面，从而更好地表达这种关系。所以，在 list 组件中又添加了一个 router-view 标签，用来渲染出嵌套的组件内容。同时，通过在定义 routes 时，在参数中使用 children 属性，从而达到配置嵌套路由信息的目的。

【例 14.2】嵌套路由（源代码\ch14\14.2.html）。

```html
<style>
    #app{
        text-align: center;
    }
    .container {
        background-color: #73ffd6;
        margin-top: 20px;
        height: 100px;
    }
</style>
</head>
<body>
<div id="app">
    <!-- 通过 router-link 标签来生成导航链接 -->
    <router-link to="/home">首页</router-link>
    <router-link to="/list"  custom v-slot="{navigate}">
            <button @click="navigate" @keypress.enter="navigate"> 古诗欣赏</button></router-link>
    <router-link to="/about">关于我们</router-link>
    <div class="container">
        <!-- 将选中的路由渲染到 router-view 下-->
        <router-view></router-view>
    </div>
</div>
<template id="tmpl">
    <div>
        <h3>列表内容</h3>
        <!-- 生成嵌套子路由地址 -->
        <router-link to="/list/poetry1">古诗 1</router-link>
        <router-link to="/list/poetry2">古诗 2</router-link>
        <div class="sty">
            <!-- 生成嵌套子路由渲染节点 -->
            <router-view></router-view>
        </div>
    </div>
</template>
<script src="https://unpkg.com/vue@next"></script>
<!--引入 Vue Router-->
<script src="https://unpkg.com/vue-router@next"></script>
<script>
    const home={template:'<div>主页内容</div>'};
```

```
        const list={template:'#tmpl'};
        const about={template:'<div>需要技术支持请联系作者微信 codehome6</div>'};
        const poetry1 = {
            template: '<div> 红颜弃轩冕，白首卧松云。</div>'
        };
        const poetry2 = {
            template: '<div>为问门前客，今朝几个来。</div>'
        };
        // 2.定义路由信息
        const routes = [
            // 路由重定向：当路径为/时，重定向到/list 路径
            {
                path: '/',
                redirect: '/list'
            },
            {
                path: '/home',
                component: home,
            },
            {
                path: '/list',
                component: list,
                //嵌套路由
                children: [
                    {
                        path: 'poetry1',
                        component: poetry1
                    },
                    {
                        path: 'poetry2',
                        component: poetry2
                    },
                ]
            },
            {
                path: '/about',
                component:about,
            }
        ];
        const router= VueRouter.createRouter({
            //提供要实现的 history 实现。为了方便起见，这里使用 hash history
            history:VueRouter.createWebHashHistory(),
            routes  //简写，相当于 routes: routes
        });
        const vm= Vue.createApp({});
        //使用路由器实例，从而让整个应用都有路由功能
        vm.use(router);
        vm.mount('#app');
</script>
```

在谷歌浏览器中运行程序，单击"古诗欣赏"链接，然后单击"古诗 2"链接，效果如图 14-2 所示。

图 14-2　嵌套路由

14.1.2　在项目中使用路由

在 Vue 脚手架创建的项目中使用路由，可以在创建项目时选择配置路由。

例如，使用 vue create router-demo 创建项目，在配置选项时，选择手动配置，然后配置 Router，如图 14-3 所示。

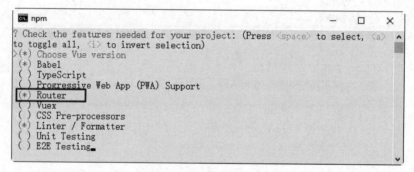

图 14-3　配置路由 Router

项目创建完成之后运行项目，然后在谷歌浏览器中打开项目，可以发现页面顶部有 Home 和 About 两个可切换的选项，如图 14-4 所示。

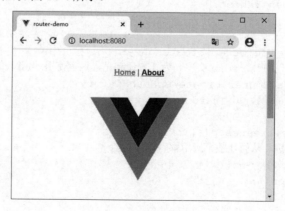

图 14-4　项目运行效果

这是脚手架默认创建的例子。在创建项目的时候完成路由配置，在使用的时候就不需要再进行配置了。

具体实现和上面示例基本一样。在项目 view 目录下，可以看到 Home 和 About 两个组件，在根组件中创建导航，有 Home 和 About 两个选项，使用<router-link>来设置导航链接，通过<router-view>指定 Home 和 About 组件在根组件 App 中渲染，App 组件代码如下：

```
<template>
  <div id="app">
    <div id="nav">
      <router-link to="/">Home</router-link> |
      <router-link to="/about">About</router-link>
    </div>
    <router-view/>
  </div>
</template>
```

然后在项目 router 目录的 index.js 文件夹下配置路由信息。index.js 在 main.js 文件中进行了注册，所以在项目中便可以使用路由。

在 index.js 文件中通过路由，把 Home 及 About 组件和对应的导航链接对应起来，路由在 routes 数组中进行配置，代码如下：

```
const routes = [
  {
    path: '/',
    name: 'Home',
    component: Home
  },
  {
    path: '/about',
    name: 'About',
    component: () => import(/* webpackChunkName: "about" */ '../views/About.vue')
  }
]
```

在项目中就可以这样使用路由。

14.2　命名路由

在某些时候，生成的路由 URL 地址可能会很长，使用的时候可能会显得有些不便。这时候通过一个名称来标识一个路由更方便一些。因此，在 Vue Router 中，可以在创建 Router 实例的时候，通过在 routes 配置中给某个路由设置名称，从而方便调用路由。

```
routes:[
  {
    path: '/form',
    name: 'router1',
```

```
        component: '<div>form 组件</div>'
    }
]
```

在使用命名路由之后，当需要使用 router-link 标签进行跳转时，就可以采取给 router-link 的 to 属性传一个对象的方式，跳转到指定的路由地址上，例如：

```
<router-link :to="{ name:'router1'}">名称</router-link>
```

【例 14.3】命名路由（源代码\ch14\14.3.html）。

```
<style>
    #app{
        text-align: center;
    }
    .container {
        background-color: #73ffd6;
        margin-top: 20px;
        height: 100px;
    }
</style>
<div id="app">
    <router-link :to="{name:'router1'}">首页</router-link>
    <router-link to="/list"  custom v-slot="{navigate}">
            <button @click="navigate" @keypress.enter="navigate"> 古诗欣赏</button></router-link>
    <router-link :to="{name:'router3'}" >联系我们</router-link>
    <!一路由匹配到的组件将在这里渲染 -->
    <div  class="container">
        <router-view ></router-view>
    </div>
</div>
<script src="https://unpkg.com/vue@next"></script>
<!--引入 Vue Router-->
<script src="https://unpkg.com/vue-router@next"></script>
<script>
    //定义路由组件
    const home={template:'<div>home 组件的内容</div>'};
    const list={template:'<div>红颜弃轩冕，白首卧松云。</div>'};
    const details={template:'<div>需要技术支持请联系作者微信 codehome6</div>'};
    const routes=[
        {path:'/home',component:home,name: 'router1',},
        {path:'/list',component:list,name: 'router2',},
        {path:'/details',component:details,name: 'router3',},
    ];
    const router= VueRouter.createRouter({
        //提供要实现的 history 实现。为了方便起见，这里使用 hash history
        history:VueRouter.createWebHashHistory(),
        routes//简写，相当于 routes: routes
    });
    const vm= Vue.createApp({});
```

```
    //使用路由器实例,从而让整个应用都有路由功能
    vm.use(router);
    vm.mount('#app');
</script>
```

在谷歌浏览器中运行程序,效果如图 14-5 所示。

图 14-5　命名路由

还可以使用 params 属性设置参数,例如:

```
<router-link :to="{ name: 'user', params: { userId: 123 }}">User</router-link>
```

这跟代码调用 router.push()是一样的:

```
router.push({ name: 'user', params: { userId: 123 }})
```

这两种方式都会把路由导航到/user/123 路径。

14.3　命名视图

当打开一个页面时,整个页面可能由多个 Vue 组件所构成。例如,后台管理首页可能是由 sidebar (侧导航)、header (顶部导航) 和 main (主内容) 这三个 Vue 组件构成的。此时,通过 Vue Router 构建路由信息,如果一个 URL 只能对应一个 Vue 组件,则整个页面是无法正确显示的。

在上一节中学习构建路由信息的时候,使用了两个特殊的标签:router-view 和 router-link。通过 router-view 标签,可以指定组件渲染显示到什么位置。当需要在一个页面上显示多个组件的时候,就需要在页面中添加多个 router-view 标签。

那么,是不是可以通过一个路由对应多个组件,然后按需渲染在不同的 router-view 标签上呢?按照上一节关于 Vue Router 的使用方法,可以很容易实现下面的代码。

【例 14.4】测试一个路由对应多个组件(源代码\ch14\14.4.html)。

```
<style>
    #app{
        text-align: center;
    }
    .container {
```

```
        background-color: #73ffd6;
        margin-top: 20px;
        height: 100px;
    }
</style>
<div id="app">
    <router-view></router-view>
    <div class="container">
        <router-view></router-view>
        <router-view></router-view>
    </div>
</div>
<template id="sidebar">
    <div class="sidebar">
        侧边栏内容
    </div>
</template>
<script src="https://unpkg.com/vue@next"></script>
<!--引入 Vue Router-->
<script src="https://unpkg.com/vue-router@next"></script>
<script>
    // 1.定义路由跳转的组件模板
    const header = {
        template: '<div class="header"> 头部内容 </div>'
    }
    const sidebar = {
        template: '#sidebar',
    }
    const main = {
        template: '<div class="main">主要内容</div>'
    }
    // 2.定义路由信息
    const routes = [{
        path: '/',
        component: header
    }, {
        path: '/',
        component: sidebar
    }, {
        path: '/',
        component: main
    }];
    const router= VueRouter.createRouter({
        //提供要实现的 history 实现。为了方便起见，这里使用 hash history
        history:VueRouter.createWebHashHistory(),
        routes    //简写，相当于 routes: routes
    });
    const vm= Vue.createApp({});
    //使用路由器实例，从而让整个应用都有路由功能
    vm.use(router);
```

```
        vm.mount('#app');
    </script>
```

在谷歌浏览器中运行程序，效果如图 14-6 所示。

图 14-6　一个路由对应多个组件

可以看到，并没有实现想要的效果，将一个路由信息对应到多个组件时，不管有多少个的 router-view 标签，程序都会将第一个组件渲染到所有的 router-view 标签上。

在 Vue Router 中，通过命名视图的方式，可以实现将不同的组件渲染到对应的标签上。命名视图与命名路由的实现方式相似，命名视图通过在 router-view 标签上设定 name 属性，之后在构建路由与组件的对应关系时，以一种 name:component 的形式构造出一个组件对象，从而指明是在哪个 router-view 标签上加载什么组件。

注意：在指定路由对应的组件时，使用的是 components（包含 s）属性进行配置组件。

实现命名视图的代码如下：

```
<div id="app">
    <router-view></router-view>
    <div class="container">
        <router-view name="sidebar"></router-view>
        <router-view name="main"></router-view>
    </div>
</div>
<script>
    //2.定义路由信息
    const routes = [{
        path: '/',
        components: {
            default: header,
            sidebar: sidebar,
            main: main
        }
    }]
</script>
```

在 router-view 中，默认的 name 属性值为 default，所以这里的 header 组件对应的 router-view 标签就可以不设定 name 属性值。

【例 14.5】命名视图（源代码\ch14\14.5.html）。

```html
<style>
    .style1{
        height: 20vh;
        background: #0BB20C;
        color: white;
    }
    .style2{
        background: #9e8158;
        float: left;
        width: 30%;
        height: 70vh;
        color: white;
    }
    .style3{
        background: #2d309e;
        float: left;
        width: 70%;
        height: 70vh;
        color: white;
    }
</style>
<div id="app">
    <div class="style1">
        <router-view></router-view>
    </div>
    <div class="container">
        <div class="style2">
            <router-view name="sidebar"></router-view>
        </div>
        <div class="style3">
            <router-view name="main"></router-view>
        </div>
    </div>
</div>
<template id="sidebar">
    <div class="sidebar">
        //侧边栏导航内容
    </div>
</template>
<script src="https://unpkg.com/vue@next"></script>
<!--引入 Vue Router-->
<script src="https://unpkg.com/vue-router@next"></script>
<script>
    // 1.定义路由跳转的组件模板
    const header = {
        template: '<div class="header"> 头部内容 </div>'
    }
    const sidebar = {
```

```
        template: '#sidebar'
    }
    const main = {
        template: '<div class="main">正文部分</div>'
    }
    // 2.定义路由信息
    const routes = [{
        path: '/',
        components: {
            default: header,
            sidebar: sidebar,
            main: main
        }
    }];
    const router= VueRouter.createRouter({
        //提供要实现的 history 实现。为了方便起见，这里使用 hash history
        history:VueRouter.createWebHashHistory(),
        routes    //简写，相当于 routes: routes
    });
    const vm= Vue.createApp({});
    //使用路由器实例，从而让整个应用都有路由功能
    vm.use(router);
    vm.mount('#app');
</script>
```

在谷歌浏览器中运行程序，效果如图 14-7 所示。

图 14-7　命名视图

14.4　路由传参

在很多的情况下，例如表单提交、组件跳转之类的操作，需要使用到上一个表单中组件的一些数据，这时就将需要的参数通过传参的方式在路由间进行传递。下面介绍一种传参方式——param传参。

param 传参就是将需要的参数以 key=value 的方式放在 URL 地址中。在定义路由信息时，需要以占位符（:参数名）的方式将需要传递的参数指定到路由地址中，实现代码如下：

```
const routes=[{
    path:'/',
    components:{
        default: header,
        sidebar: sidebar,
        main: main
    },
    children: [{
        path: '',
        redirect: 'form'
    }, {
        path: 'form',
        name: 'form',
        component: form
    }, {
        path: 'info/:email/:password',
        name: 'info',
        component: info
    }]
}]
```

因为在使用$route.push 进行路由跳转时，如果提供了 path 属性，则对象中的 params 属性会被忽略，所以这里可以采用命名路由的方式进行跳转，或者直接将参数值传递到路由 path 路径中。这里的参数如果不进行赋值的话，就无法与匹配规则对应，也就无法跳转到指定的路由地址中。

```
const form = {
    template: '#form',
    data:function() {
        return {
            email: '',
            password: ''
        }
    },
    methods: {
        submit:function() {
            // 方式1
            this.$router.push({
                name: 'info',
                params: {
                    email: this.email,
                    password: this.password
                }
            })
            // 方式2
            this.$router.push({
                path: `/info/${this.email}/${this.password}`,
            })
        }
    },
}
```

【例 14.6】param 传参（源代码\ch14\14.6.html）。

```html
<style>
        .style1{
            background: #0BB20C;
            color: white;
            padding: 15px;
            margin: 15px 0;
        }
        .main{
            padding: 10px;
        }
</style>
<body>
<div id="app">
    <div>
        <div class="style1">
            <router-view></router-view>
        </div>
    </div>
    <div class="main">
        <router-view name="main"></router-view>
    </div>
</div>
<template id="sidebar">
    <div>
        <ul>
            <router-link v-for="(item,index) in
menu" :key="index" :to="item.url" tag="li">{{item.name}}
            </router-link>
        </ul>
    </div>
</template>
<template id="main">
    <div>
        <router-view></router-view>
    </div>
</template>
<template id="form">
    <div>
        <form>
            <div>
                <label for="exampleInputEmail1">邮箱</label>
                <input type="email" id="exampleInputEmail1" placeholder="输入电
子邮件" v-model="email">
            </div>
            <div>
                <label for="exampleInputPassword1">密码</label>
                <input type="password" id="exampleInputPassword1" placeholder="
输入密码" v-model="password">
            </div>
            <button type="submit" @click="submit">提交</button>
        </form>
```

```html
        </div>
    </template>
    <template id="info">
        <div>
            <div>
                输入的信息
            </div>
            <div>
                <blockquote>
                    <p>邮箱：{{ $route.params.email }} </p>
                    <p>密码：{{ $route.params.password }}</p>
                </blockquote>
            </div>
        </div>
    </template>
    <script src="https://unpkg.com/vue@next"></script>
    <!--引入 Vue Router-->
    <script src="https://unpkg.com/vue-router@next"></script>
    <script>
        // 1.定义路由跳转的组件模板
        const header = {
            template: '<div class="header">头部</div>'
        }
        const sidebar = {
            template: '#sidebar',
            data:function() {
                return {
                    menu: [{
                        displayName: 'Form',
                        routeName: 'form'
                    }, {
                        displayName: 'Info',
                        routeName: 'info'
                    }]
                }
            },
        }
        const main = {
            template: '#main'
        }
        const form = {
            template: '#form',
            data:function() {
                return {
                    email: '',
                    password: ''
                }
            },
            methods: {
                submit:function() {
                    // 方式1
                    this.$router.push({
                        name: 'info',
```

```
                params: {
                    email: this.email,
                    password: this.password
                }
            })
        }
    },
}
const info = {
    template: '#info'
}
// 2.定义路由信息
const routes = [{
    path: '/',
    components: {
        default: header,
        sidebar: sidebar,
        main: main
    },
    children: [{
        path: '',
        redirect: 'form'
    }, {
        path: 'form',
        name: 'form',
        component: form
    }, {
        path: 'info/:email/:password',
        name: 'info',
        component: info
    }]
}];
const router= VueRouter.createRouter({
    //提供要实现的 history 实现。为了方便起见，这里使用 hash history
    history:VueRouter.createWebHashHistory(),
    routes    //简写，相当于 routes: routes
});
const vm= Vue.createApp({
    data(){
        return{
        }
    },
    methods:{},
});
//使用路由器实例，从而让整个应用都有路由功能
vm.use(router);
vm.mount('#app');
</script>
```

在谷歌浏览器中运行程序，在邮箱中输入 "357975357@qq.com"，在密码中输入 "123456"，如图 14-8 所示；然后单击 "提交" 按钮，内容传递到 info 子组件中进行显示，效果如图 14-9 所示。

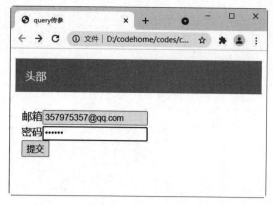

图 14-8　输入邮箱和密码　　　　　　　　　　图 14-9　param 传参

14.5　编程式导航

在使用 Vue Router 时，经常会通过 router-link 标签去生成跳转到指定路由的链接，但是在实际的前端开发中，更多的是通过 JavaScript 的方式进行跳转。例如很常见的一个交互需求——用户提交表单，提交成功后跳转到上一页面，提交失败则留在当前页面。这时候，如果还是通过 router-link 标签进行跳转就不合适了，需要通过 JavaScript 根据表单返回的状态进行动态判断。

在使用 Vue Router 时，已经将 Vue Router 的实例挂载到了 Vue 实例上，可以借助\$router 的实例方法，通过编写 JavaScript 代码的方式实现路由间的跳转，而这种方式就是一种编程式的路由导航。

在 Vue Router 中具有三种导航方法，分别为 push、replace 和 go。最常见的通过在页面上设置 router-link 标签进行路由地址间的跳转，就等同于执行了一次 push 方法。

1. push 方法

当需要跳转新页面时，可以通过 push 方法将一条新的路由记录添加到浏览器的 history 栈中，通过 history 的自身特性，从而驱使浏览器进行页面的跳转。同时，因为在 history 会话历史中会一直保留着这个路由信息，所以后退时还是可以退回到当前页面的。

在 push 方法中，参数可以是一个字符串路径，或者是一个描述地址的对象，这里其实就等同于调用了 history.pushState 方法。

```
//字符串 => /first
this.$router.push('first')
//对象=> /first
this.$router.push({ path: 'first' })
//带查询参数=>/first?abc=123
this.$router.push({ path: 'first', query: { abc: '123' }})
```

当传递的参数为一个对象并且当 path 与 params 共同使用时，对象中的 params 属性不会起任何作用，需要采用命名路由的方式进行跳转，或者是直接使用带有参数的全路径。

```
const userId = '123'
```

```
// 使用命名路由 => /user/123
this.$router.push({ name: 'user', params: { userId }})
// 使用带有参数的全路径 => /user/123
this.$router.push({ path: `/user/${userId}` })
// 这里的 params 不生效 => /user
this.$router.push({ path: '/user', params: { userId }})
```

2. go 方法

当使用 go 方法时，可以在 history 记录中前进或者后退多少步，也就是说通过 go 方法可以在已经存储的 history 路由历史中来回跳转。

```
//在浏览器记录中前进一步，等同于 history.forward()
this.$router.go(1)
//后退一步记录，等同于 history.back()
this.$router.go(-1)
//前进 3 步记录
this.$router.go(3)
```

3. replace 方法

replace 方法同样可以实现路由跳转的目的，从名字中可以看出，与使用 push 方法跳转不同的是，使用 replace 方法时，并不会往 history 栈中新增一条新的记录，而是会替换掉当前的记录，因此无法通过后退按钮再回到被替换前的页面。

```
this.$router.replace({
    path: '/special'
})
```

下面示例将通过编程式路由，实现路由间的切换。

【例 14.7】实现路由间的切换（源代码\ch14\14.7.html）。

```
<style>
    .style1{
        background: #0BB20C;
        color: white;
        height: 100px;
    }
</style>
<body>
<div id="app">
    <div class="main">
        <div >
            <button @click="next">前进</button>
            <button @click="goFirst">第 1 页</button>
            <button @click="goSecond">第 2 页</button>
            <button @click="goThird">第 3 页</button>
            <button @click="goFourth">第 4 页</button>
            <button @click="pre">后退</button>
              <button @click="replace">替换当前页为特殊页</button>
        </div>
```

```html
            <div class="style1">
                <router-view></router-view>
            </div>
        </div>
    </div>
<script src="https://unpkg.com/vue@next"></script>
<!--引入 Vue Router-->
<script src="https://unpkg.com/vue-router@next"></script>
<script>
    const first = {
        template: '<h3>花时同醉破春愁，醉折花枝作酒筹。</h3>'
    };;
    const second = {
        template: '<h3>忽忆故人天际去，计程今日到梁州。</h3>'
    };
    const third = {
        template: '<h3>圭峰霁色新，送此草堂人。</h3>'
    };
    const fourth = {
        template: '<h3>终有烟霞约，天台作近邻。</h3>'
    };
    const special = {
        template: '<h3>特殊页面的内容</h3>'
    };
    // 2.定义路由信息
    const routes = [
            {
                path: '/first',
                component: first
            },
            {
                path: '/second',
                component: second
            },
            {
                path: '/third',
                component: third
            },
            {
                path: '/fourth',
                component: fourth
            },
            {
                path: '/special',
                component: special
            }
        ];
    const router= VueRouter.createRouter({
        //提供要实现的 history 实现。为了方便起见，这里使用 hash history
        history:VueRouter.createWebHashHistory(),
```

```
      routes    //简写，相当于 routes: routes
    });
    const vm= Vue.createApp({
        data(){
          return{
          }
        },
            methods: {
          goFirst:function() {
              this.$router.push({
                  path: '/first'
              })
          },
          goSecond:function() {
              this.$router.push({
                  path: '/second'
              })
          },
          goThird:function() {
              this.$router.push({
                  path: '/third'
              })
          },
          goFourth:function() {
              this.$router.push({
                  path: '/fourth'
              })
          },
          next:function() {
              this.$router.go(1)
          },
          pre:function() {
              this.$router.go(-1)
          },
          replace:function() {
              this.$router.replace({
                  path: '/special'
              })
          }
        },
        router: router
    });
    //使用路由器实例，从而让整个应用都有路由功能
    vm.use(router);
    vm.mount('#app');
</script>
```

在谷歌浏览器中运行程序，单击"第 4 页"按钮，效果如图 14-10 所示。

图 14-10　实现路由间的切换

14.6　组件与 Vue Router 之间解耦

在使用路由传参的时候，将组件与 Vue Router 强制绑定在一起，这意味着在任何需要获取路由参数的地方，都需要加载 Vue Router，使组件只能在某些特定的 URL 上使用，限制了其灵活性。如何解决强绑定呢？

在之前学习组件相关的知识时，提到了可以通过组件的 props 选项来实现子组件接收父组件传递的值。而在 Vue Router 中，同样提供了通过使用组件的 props 选项来进行解耦的功能。

14.6.1　布尔模式

下面的示例在定义路由模板时，通过指定需要传递的参数为 props 选项中的一个数据项，在定义路由规则时指定 props 属性为 true，即可实现对于组件以及 Vue Router 之间的解耦。

【例 14.8】布尔模式（源代码\ch14\14.8.html）。

```
<style>
    .style1{
        background: #0BB20C;
        color: white;
    }
</style>
<body>
<div id="app">
    <div class="main">
        <div >
            <button @click="next">前进</button>
            <button @click="goFirst">第 1 页</button>
            <button @click="goSecond">第 2 页</button>
            <button @click="goThird">第 3 页</button>
            <button @click="goFourth">第 4 页</button>
            <button @click="pre">后退</button>
              <button @click="replace">替换当前页为特殊页</button>
        </div>
        <div class="style1">
            <router-view></router-view>
```

```
        </div>
    </div>
</div>
<script src="https://unpkg.com/vue@next"></script>
<!--引入 Vue Router-->
<script src="https://unpkg.com/vue-router@next"></script>
<script>
    const first = {
        template: '<h3>花时同醉破春愁，醉折花枝作酒筹。</h3>'
    };
    const second = {
        template: '<h3>忽忆故人天际去，计程今日到梁州。</h3>'
    };
    const third = {
        props: ['id'],
        template: '<h3>圭峰霁色新，送此草堂人。---{{id}}</h3>'
    };
    const fourth = {
        template: '<h3>终有烟霞约，天台作近邻。</h3>'
    };
    const special = {
        template: '<h3>特殊页面的内容</h3>'
    };
    // 2.定义路由信息
    const routes = [
            {
                path: '/first',
                component: first
            },
            {
                path: '/second',
                component: second
            },
            {
                path: '/third/:id',
                component: third,
                props: true
            },
            {
                path: '/fourth',
                component: fourth
            },
            {
                path: '/special',
                component: special
            }
        ];
    const router= VueRouter.createRouter({
        //提供要实现的 history 实现。为了方便起见，这里使用 hash history
```

```
            history:VueRouter.createWebHashHistory(),
            routes   //简写，相当于 routes: routes
    });
    const vm= Vue.createApp({
        data(){
            return{
            }
        },
            methods: {
            goFirst:function() {
                this.$router.push({
                    path: '/first'
                })
            },
            goSecond:function() {
                this.$router.push({
                    path: '/second'
                })
            },
            goThird:function() {
                this.$router.push({
                    path: '/third'
                })
            },
            goFourth:function() {
                this.$router.push({
                    path: '/fourth'
                })
            },
            next:function() {
                this.$router.go(1)
            },
            pre:function() {
                this.$router.go(-1)
            },
            replace:function() {
                this.$router.replace({
                    path: '/special'
                })
            }
        },
        router: router
    });
    //使用路由器实例，从而让整个应用都有路由功能
    vm.use(router);
    vm.mount('#app');
</script>
```

在谷歌浏览器中运行程序，单击"第 3 页"按钮，并在 URL 路径中添加"/abc"，然后按回车键，效果如图 14-11 所示。

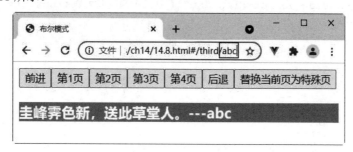

图 14-11　布尔模式

提示：上面示例采用 param 传参的方式进行参数传递，而在组件中并没有加载 Vue Router 实例，也完成了对路由参数的获取。采用此方法，只能实现基于 param 方式进行传参的解耦。

14.6.2　对象模式

针对定义路由规则时，指定 props 属性为 true 这一种情况，在 Vue Router 中，还可以给路由规则的 props 属性定义成一个对象或是函数。如果定义成对象或是函数，此时并不能实现对于组件以及 Vue Router 之间的解耦。

将路由规则的 props 定义成对象后，此时不管路由参数中传递任何值，最终获取到的都是对象中的值。需要注意的是，props 中的属性值必须是静态的，不能采用类似于子组件同步获取父组件传递的值作为 props 中的属性值。

【例 14.9】对象模式（源代码\ch14\14.9.html）。

```html
<!DOCTYPE html>
<html>
<head>
    <meta charset="UTF-8">
    <title>对象模式</title>
</head>
<body>
<style>
    .style1{
        background: #0BB20C;
        color: white;
    }
</style>
<body>
<div id="app">
    <div class="main">
        <div >
            <button @click="next">前进</button>
            <button @click="goFirst">第 1 页</button>
            <button @click="goSecond">第 2 页</button>
            <button @click="goThird">第 3 页</button>
```

```
            <button @click="goFourth">第 4 页</button>
            <button @click="pre">后退</button>
             <button @click="replace">替换当前页为特殊页</button>
        </div>
        <div class="style1">
            <router-view></router-view>
        </div>
    </div>
</div>
<script src="https://unpkg.com/vue@next"></script>
<!--引入 Vue Router-->
<script src="https://unpkg.com/vue-router@next"></script>
<script>
    const first = {
        template: '<h3>花时同醉破春愁，醉折花枝作酒筹。</h3>'
    };
    const second = {
        template: '<h3>忽忆故人天际去，计程今日到梁州。</h3>'
    };
    const third = {
        props: ['name'],
        template: '<h3>圭峰霁色新，送此草堂人。---{{name}}</h3>'
    };
    const fourth = {
        template: '<h3>终有烟霞约，天台作近邻。</h3>'
    };
    const special = {
        template: '<h3>特殊页面的内容</h3>'
    };
    // 2.定义路由信息
    const routes = [
            {
                path: '/first',
                component: first
            },
            {
                path: '/second',
                component: second
            },
            {
                path: '/third/:name',
                component: third,
                props: {
                    name: 'gushi'
                },
            },
            {
                path: '/fourth',
                component: fourth
            },
```

```
            {
                path: '/special',
                component: special
            }
    ];
const router= VueRouter.createRouter({
    //提供要实现的 history 实现。为了方便起见，这里使用 hash history
    history:VueRouter.createWebHashHistory(),
    routes    //简写，相当于 routes: routes
});
const vm= Vue.createApp({
    data(){
        return{
        }
    },
    methods: {
        goFirst:function() {
            this.$router.push({
                path: '/first'
            })
        },
        goSecond:function() {
            this.$router.push({
                path: '/second'
            })
        },
        goThird:function() {
            this.$router.push({
                path: '/third'
            })
        },
        goFourth:function() {
            this.$router.push({
                path: '/fourth'
            })
        },
        next:function() {
            this.$router.go(1)
        },
        pre:function() {
            this.$router.go(-1)
        },
        replace:function() {
            this.$router.replace({
                path: '/special'
            })
        }
    },
    router: router
});
```

```
//使用路由器实例，从而让整个应用都有路由功能
    vm.use(router);
    vm.mount('#app');
</script>
</body>
</html>
```

在谷歌浏览器中运行程序，单击"第3页"按钮，并在 URL 路径中添加"/gushi"，然后按回车键，效果如图 14-12 所示。

图 14-12　对象模式

14.6.3　函数模式

在对象模式中，只能接收静态的 props 属性值，而当使用函数模式之后，就可以对静态值做数据的进一步加工或者与路由传参的值进行结合。

【例 14.10】函数模式（源代码\ch14\14.10.html）。

```
<style>
    .style1{
        background: #0BB20C;
        color: white;
    }
</style>
<body>
<div id="app">
    <div class="main">
        <div >
            <button @click="next">前进</button>
            <button @click="goFirst">第 1 页</button>
            <button @click="goSecond">第 2 页</button>
            <button @click="goThird">第 3 页</button>
            <button @click="goFourth">第 4 页</button>
            <button @click="pre">后退</button>
            <button @click="replace">替换当前页为特殊页</button>
        </div>
        <div class="style1">
            <router-view></router-view>
        </div>
    </div>
</div>
<script src="https://unpkg.com/vue@next"></script>
<!--引入 Vue Router-->
```

```
<script src="https://unpkg.com/vue-router@next"></script>
<script>
    const first = {
        template: '<h3>花时同醉破春愁，醉折花枝作酒筹。</h3>'
    };
    const second = {
        template: '<h3>忽忆故人天际去，计程今日到梁州。</h3>'
    };
    const third = {
        props: ['name',"id"],
        template: '<h3>圭峰霁色新，送此草堂人。---{{name}}——{{id}}</h3>'
    };
    const fourth = {
        template: '<h3>终有烟霞约，天台作近邻。</h3>'
    };
    const special = {
        template: '<h3>特殊页面的内容</h3>'
    };
    // 2.定义路由信息
    const routes = [
            {
                path: '/first',
                component: first
            },
            {
                path: '/second',
                component: second },
            {
            path: '/third',
            component: third,
            props: (route)=>({
                id:route.query.id,
                name:"xiaohong"
            })},
            {
                path: '/fourth',
                component: fourth },
            {
                path: '/special',
                component: special
            }];
    const router= VueRouter.createRouter({
        //提供要实现的 history 实现。为了方便起见，这里使用 hash history
        history:VueRouter.createWebHashHistory(),
        routes    //简写，相当于 routes: routes
    });
    const vm= Vue.createApp({
        data(){
            return{}
        },
        methods: {
            goFirst:function() {
                this.$router.push({
```

```
                path: '/first'
            })
        },
        goSecond:function() {
            this.$router.push({
                path: '/second'
            })
        },
        goThird:function() {
            this.$router.push({
                path: '/third'
            })
        },
        goFourth:function() {
            this.$router.push({
                path: '/fourth'
            })
        },
        next:function() {
            this.$router.go(1)
        },
        pre:function() {
            this.$router.go(-1)
        },
        replace:function() {
            this.$router.replace({
                path: '/special'
            })
        }
    },
    router: router
});
vm.use(router);       //使用路由器实例，从而让整个应用都有路由功能
vm.mount('#app');
</script>
```

在谷歌浏览器中运行程序，单击"第 3 页"按钮，并在 URL 路径中输入"?id=123456"，然后按回车键，效果如图 14-13 所示。

图 14-13　函数模式

第 15 章

使用 axios 与服务器通信

在实际项目开发中，前端页面所需要的数据往往需要从服务器端获取，这必然涉及与服务器之间的通信，Vue 推荐使用 axios 来完成 Ajax 请求。本章将学习流行的网络请求库 axios，它是对 Ajax 的封装。因为其功能单一，只是发送网络请求，所以容量很小。axios 也可以和其他框架结合使用，下面就来看一下 Vue 如何使用 axios 来请求服务器数据。

15.1　什么是 axios

在实际开发中，或多或少都会进行网络数据的交互，一般都是使用工具来完成任务。现在比较流行的就是 axios 库。axios 是一个基于 Promise 的 HTTP 库，可以用在浏览器和 Node.js 中。

axios 具有以下特性：

（1）从浏览器中创建 XMLHttpRequests。

（2）从 Node.js 创建 HTTP 请求。

（3）支持 Promise API。

（4）拦截请求和响应。

（5）转换请求数据和响应数据。

（6）取消请求。

（7）自动转换 JSON 数据。

（8）客户端支持防御 XSRF。

15.2　安装 axios

安装 axios 的方式有以下几种。

1. 使用 CDN 安装方式

使用 CDN 安装方式，代码如下：

```
<script src="https://unpkg.com/axios/dist/axios.min.js"></script>
```

2. 使用 NPM 安装方式

在 Vue 脚手架中使用 axios 时，可以使用 NPM 安装方式，执行下面命令：

```
npm install axios  --save
```

或者使用 yarn 安装，命令如下：

```
npm add axios  --save
```

安装完成后，在 main.js 文件中导入 axios，并绑定到 Vue 的原型链上。代码如下：

```
//引入 axios
import axios from 'axios'
//绑定到 Vue 的原型链上
Vue.prototype.$axios=axios;
```

这样配置完成后，就可以在组件中通过 this.$axios 来调用 axios 的方法发送请求。

15.3　基本用法

本节来看一下 axios 库的基本使用方法：JSON 数据的请求、跨域请求和并发请求。

15.3.1　get 请求和 post 请求

axios 有 get 请求和 post 请求两种方式。
在 Vue 脚手架中执行 get 请求，格式如下：

```
this.$axios.get('/url?key=value&id=1')
    .then(function(response){
        // 成功时调用
     console.log(response)
    })
    .catch(function(response){
      // 错误时调用
     console.log(response)
    })
```

get 请求接受一个 URL 地址，也就是请求的接口；then 方法在请求响应完成时触发，其中形参代表响应的内容；catch 方法在请求失败时触发，其中形参代表错误的信息。如果要发送数据，以查询字符串的形式附加在 URL 后面，以 "？" 分隔，数据以 key=value 的形式连接，不同数据之间以 "&" 分隔。

　　如果不喜欢 URL 后附加查询参数的方式，可以给 get 请求传递一个配置对象作为参数，在配置对象中使用 params 指定要发送的数据。代码如下：

```
this.$axios.get('/url',{
    params:{
      key:value,
      id:1
    }
})
.then(function (response) {
    console.log(response);
})
.catch(function (error) {
    console.log(error);
});
```

　　post 请求和 get 请求基本一致，不同的是数据以对象的形式作为 post 请求的第二个参数，对象中的属性就是要发送的数据。格式如下：

```
this.$axios.post('/user',{
    username:"jack",
    password:"123456"
})
.then(function(response){
        // 成功时调用
    console.log(response)
})
.catch(function(response){
     // 错误时调用
    console.log(response)
})
```

　　接收到响应的数据后，需要对响应的信息进行处理。例如，设置用于组件渲染或更新所需要的数据。回调函数中的 response 是一个对象，它的常用属性是 data 和 status，data 用于获取响应的数据，status 是 HTTP 状态码。response 对象的完整属性说明如下：

```
{
  //config 是为请求提供的配置信息
  config:{},
  //data 是服务器发回的响应数据
  data:{},
  //headers 是服务器响应的消息报头
  headers:{},
  //request 是生成响应的请求
  requset:{},
  //status 是服务器响应的 HTTP 状态码
  status:200,
```

```
//statusText 是服务器响应的 HTTP 状态描述
statusText:'ok',
}
```

成功响应后，获取数据的一般处理形式如下：

```
this.$axios.get('http://localhost:8080/data/user.json')
    .then(function (response){
        //user 属性在 Vue 实例的 data 选项中定义
        this.user=response.data;
    })
    .catch(function(error){
        console.log(error);
    })
```

如果出现错误，则会调用 catch 方法中的回调函数，并向该回调函数传递一个错误对象。错误
处理一般形式如下：

```
this.$axios.get('http://localhost:8080/data/user.json')
    ...
    .catch(function(error){
        if(error.response){
            //请求已发送并接收到服务器响应，但响应的状态码不是 200
            console.log(error.response.data);
            console.log(error.response.status);
            console.log(error.response.headers);
        }else if(error.response){
            //请求已发送，但未接收到响应
            console.log(error.request);
        }else{
            console.log("Error",error.message);
        }
        console.log(error.config);
    })
```

15.3.2 请求 JSON 数据

已经了解了 get 和 post 请求，下面就来看一个使用 axios 请求 JSON 数据的示例。

首先使用 Vue 脚手架创建一个项目，这里命名为 axiosdemo，配置选项默认即可。创建完成之
后通过"cd"命令进入到项目的根目录，然后安装 axios：

```
npm install axios --save
```

安装完成之后，在 main.js 文件中配置 axios，具体请参考"安装 axios"小节。

完成以上步骤，在目录中的 public 文件夹下创建一个 data 文件夹，在该文件夹中创建一个 JSON
文件 user.json。user.json 内容如下：

```
[
  {
    "name": "小明",
    "pass": "123456"
```

```
  },
  {
    "name": "小红",
    "pass": "456789"
  }
]
```

提示：JSON 文件必须要放在 public 文件夹下面，放在其他位置是请求不到数据的。

然后在 HelloWorld.vue 文件中使用 get 请求 JSON 数据，其中 http://localhost:8080 是运行 axiosdemo 项目时给出的地址，data/user.json 指 public 文件夹下的 data/user.json。具体代码如下：

```
<template>
  <div class="hello"></div>
</template>
<script>
export default {
  name: 'HelloWorld',
  created() {
    this.$axios.get('http://localhost:8080/data/user.json')
        .then(function (response) {
          console.log(response);
        })
        .catch(function(error){
          console.log(error);
        })
  }
}
</script>
```

在谷歌浏览器中输入 http://localhost:8080 运行项目，打开控制台，可发现控制台中已经打印了 user.json 文件中的内容，如图 15-1 所示。

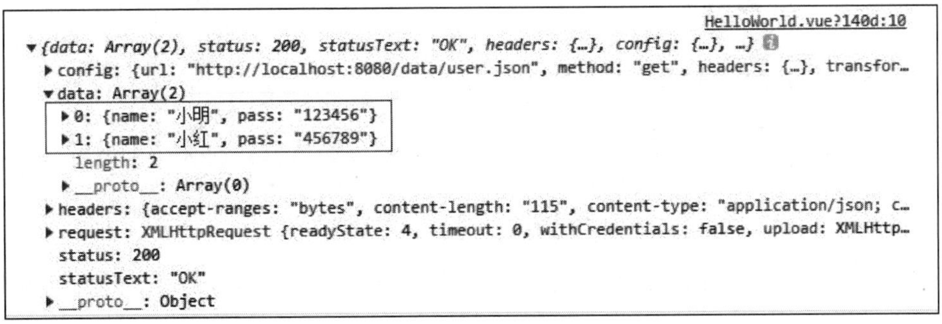

```
                                                    HelloWorld.vue?140d:10
▼{data: Array(2), status: 200, statusText: "OK", headers: {…}, config: {…}, …} 🔳
  ▶config: {url: "http://localhost:8080/data/user.json", method: "get", headers: {…}, transfor…
  ▼data: Array(2)
    ▶0: {name: "小明", pass: "123456"}
    ▶1: {name: "小红", pass: "456789"}
     length: 2
    ▶__proto__: Array(0)
  ▶headers: {accept-ranges: "bytes", content-length: "115", content-type: "application/json; c…
  ▶request: XMLHttpRequest {readyState: 4, timeout: 0, withCredentials: false, upload: XMLHttp…
   status: 200
   statusText: "OK"
  ▶__proto__: Object
```

图 15-1　请求 JSON 数据

15.3.3　跨域请求数据

在上一节的示例中，使用 axios 请求同域下面的 JSON 数据，而实际情况往往都是跨域请求数据。在 Vue CLI 中要想实现跨域请求，需要配置一些内容。首先在 axiosdemo 项目目录中创建一个

vue.config.js 文件，该文件是 Vue 脚手架项目的配置文件，在这个文件中设置反向代理：

```
module.exports = {
    devServer: {
        proxy: {
            //api 是后端数据接口的路径
            '/api': {
                //后端数据接口的地址
                target: 'https://yiketianqi.com/api?version=v9&appid=24782869&
appsecret=Vfo8Bk9S',
                changeOrigin: true,  //允许跨域
                pathRewrite: {
                    '^/api': ''        //调用时用 api 替代根路径
                }
            }
        }
    },
    lintOnSave:false  //关闭 eslint 校验
}
```

其中 target 属性中的路径，是一个免费的天气预报 API 接口，接下来就使用这个接口来实现跨域访问。访问 http://www.tianqiapi.com/index，打开"API 文档"，注册自己的开发账号，然后进入到个人中心，选择"专业 7 日天气"，如图 15-2 所示。

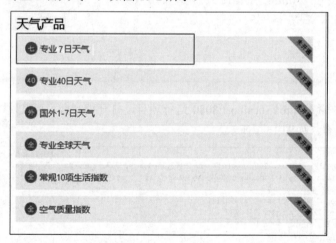

图 15-2　专业 7 日天气

进入到专业 7 日天气的接口界面，下面会给出请求的一个路径，这个路径就是我们跨域请求的地址。

完成上面的配置，然后在 axiosdemo 项目的 HelloWorld.vue 组件中进行跨域请求：

```
<template>
  <div class="hello">
    {{city}}
  </div>
</template>
<script>
```

```
export default {
  name: 'HelloWorld',
  data(){
    return{
      city:""
    }
  },
  created() {
    //保存 Vue 实例,因为在 axios 中,this 指向的就不是 Vue 实例了,而是 axios
    var that=this;
    this.$axios.get('/api')
          .then(function (response) {
            that.city =response.data.city
            console.log(response);
          })
          .catch(function(error){
            console.log(error);
          })
  }
}
</script>
```

在谷歌浏览器中运行 axiosdemo 项目,在控制台中可以看到跨域请求的数据,页面中也会显示请求的城市,如图 15-3 所示。

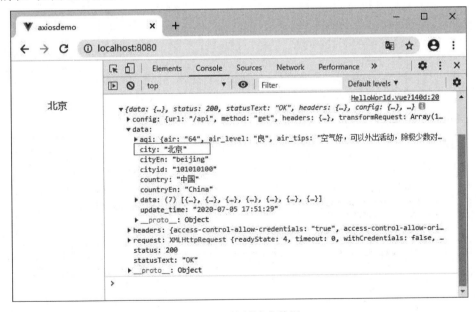

图 15-3　跨域请求数据

15.3.4　并发请求

很多时候,可能需要同时调用多个后台接口,可以利用 axios 库提供的并发请求助手函数来实现:

```
axios.all(iterable)
```

```
axios.spread(callback)
```

下面结合前面两小节的示例，修改 HelloWorld 组件的内容，同时请求 JSON 数据和跨域请求数据。

```
<template>
  <div class="hello"></div>
</template>
<script>
export default {
  name: 'HelloWorld',
    //定义请求方法
    get1:function(){
      return this.$axios.get('http://localhost:8080/data/user.json');
    },
    get2:function(){
      return this.$axios.get('/api');
    }
  },
  created() {
    var that=this;
    this.$axios.all([that.get1(), that.get2()])
          .then(this.$axios.spread(function (get1, get2) {
            // 两个请求现在都执行完成
            //get1 是 that.get1()方法请求的响应结果
            //get2 是 that.get2()方法请求的响应结果
            console.log(get1);
            console.log(get2);
          }));
  }
}
</script>
```

在谷歌浏览器中运行项目，可以看到打印了两条数据，如图 15-4 所示。

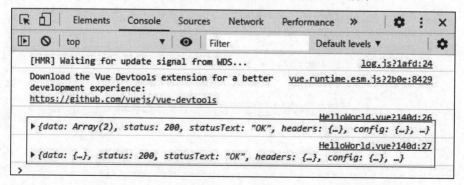

图 15-4　并发请求

15.4　axios API

我们可以通过向 axios 传递相关配置来创建请求。

get 请求和 post 请求的调用形式如下：

```
//发送 get 请求
this.$axios({
    method:'get',
    url: '/user/12345',
});
// 发送 get 请求
this.$axios({
    method: 'post',
    url: '/user/12345',
    data: {
        firstName: 'Fred',
        lastName: 'Flintstone'
    }
});
```

例如使用 get 请求天气预报接口，修改 HelloWorld 组件，代码如下：

```
// 发送 get 请求
this.$axios({
    method:'get',
    url: '/api',
    }).then(function(response){
        console.log(response)
    });
```

在谷歌浏览器中运行 axiosdemo 项目，结果如图 15-5 所示。

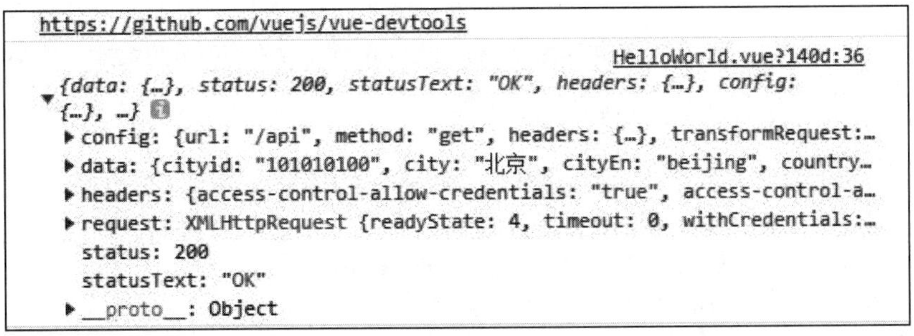

图 15-5　axios API

为了方便起见，axios 库为所有支持的请求方法提供了别名。代码如下：

```
axios.request(config)
axios.get(url[, config])
axios.delete(url[, config])
axios.head(url[, config])
axios.post(url[, data[, config]])
```

```
axios.put(url[, data[, config]])
axios.patch(url[, data[, config]])
```

在使用别名方法时，url、method、data 这些属性都不必在配置中指定。

15.5　请求配置

axios 库为请求提供了配置对象，在该对象中可以设置很多选项，常用的是 url、method、headers 和 params。其中只有 URL 是必需的，如果没有指定 method，请求将默认使用 get 方法。配置对象完整内容如下：

```
{
  // `url` 是用于请求的服务器 URL
  url: '/user',

  // `method` 是创建请求时使用的方法
  method: 'get', // 默认是 get

  // `baseURL` 将自动加在 `url` 前面，除非 `url` 是一个绝对 URL
  // 它可以通过设置一个 `baseURL` 便于为 axios 实例的方法传递相对 URL
  baseURL: 'https://some-domain.com/api/',

  // `transformRequest` 允许在向服务器发送前，修改请求数据
  // 只能用在 'PUT', 'POST' 和 'PATCH' 这几个请求方法
  // 后面数组中的函数必须返回一个字符串，或 ArrayBuffer，或 Stream
  transformRequest: [function (data) {
    // 对 data 进行任意转换处理
    return data;
  }],

  // `transformResponse` 在传递给 then/catch 前，允许修改响应数据
  transformResponse: [function (data) {
    // 对 data 进行任意转换处理
    return data;
  }],
  // `headers` 是即将被发送的自定义请求头
  headers: {'X-Requested-With': 'XMLHttpRequest'},
  // `params` 是即将与请求一起发送的 URL 参数
  // 必须是一个无格式对象(plain object)或 URLSearchParams 对象
  params: {
    ID: 12345
  },
  // `paramsSerializer` 是一个负责 `params` 序列化的函数
  // (e.g. https://www.npmjs.com/package/qs, http://api.jquery.com/jquery.param/)
  paramsSerializer: function(params) {
    return Qs.stringify(params, {arrayFormat: 'brackets'})
  },
```

```
// `data` 是作为请求主体被发送的数据
// 只适用于这些请求方法 'PUT', 'POST', 和 'PATCH'
// 在没有设置 `transformRequest` 时，必须是以下类型之一：
// - string, plain object, ArrayBuffer, ArrayBufferView, URLSearchParams
// - 浏览器专属：FormData, File, Blob
// - Node 专属： Stream
data: {
  firstName: 'Fred'
},
// `timeout` 指定请求超时的毫秒数 (0 表示无超时时间)
// 如果请求话费超过 `timeout` 的时间，请求将被中断
timeout: 1000,
// `withCredentials` 表示跨域请求时是否需要使用凭证
withCredentials: false, // 默认的
// `adapter` 允许自定义处理请求，以使测试更轻松
// 返回一个 promise 并应用一个有效的响应 (查阅 [response docs](#response-api)).
adapter: function (config) {
  /* ... */
},
// `auth` 表示应该使用 HTTP 基础验证，并提供凭据
// 这将设置一个 `Authorization` 头，覆写掉现有的任意使用 `headers` 设置的自定义 `Authorization`头
auth: {
  username: 'janedoe',
  password: 's00pers3cret'
},
// `responseType` 表示服务器响应的数据类型，可以是 'arraybuffer', 'blob', 'document', 'json', 'text', 'stream'
responseType: 'json', // 默认的
// `xsrfCookieName` 是用作 xsrf token 的值的 cookie 的名称
xsrfCookieName: 'XSRF-TOKEN', // default

// `xsrfHeaderName` 是承载 xsrf token 的值的 HTTP 头的名称
xsrfHeaderName: 'X-XSRF-TOKEN', // 默认的
// `onUploadProgress` 允许为上传处理进度事件
onUploadProgress: function (progressEvent) {
  // 对原生进度事件的处理
},
// `onDownloadProgress` 允许为下载处理进度事件
onDownloadProgress: function (progressEvent) {
  // 对原生进度事件的处理
},

// `maxContentLength` 定义允许的响应内容的最大尺寸
maxContentLength: 2000,

// `validateStatus` 定义对于给定的 HTTP 响应状态码是 resolve 或 reject promise。
如果 `validateStatus` 返回 `true` (或者设置为 `null` 或 `undefined`)，promise 将被
resolve; 否则，promise 将被 rejecte
validateStatus: function (status) {
```

```
    return status >= 200 && status < 300; // 默认的
  },
  // `maxRedirects` 定义在 node.js 中 follow 的最大重定向数目
  // 如果设置为 0，将不会 follow 任何重定向
  maxRedirects: 5, // 默认的

  // `httpAgent` 和 `httpsAgent` 分别在 node.js 中用于定义在执行 http 和 https 时
使用的自定义代理。允许像这样配置选项:
  // `keepAlive` 默认没有启用
  httpAgent: new http.Agent({ keepAlive: true }),
  httpsAgent: new https.Agent({ keepAlive: true }),
  // 'proxy' 定义代理服务器的主机名称和端口
  // `auth` 表示 HTTP 基础验证应当用于连接代理，并提供凭据
  // 这将会设置一个 `Proxy-Authorization` 头，覆写掉已有的通过使用 `header` 设置的自
定义 `Proxy-Authorization` 头
  proxy: {
    host: '127.0.0.1',
    port: 9000,
    auth: : {
      username: 'mikeymike',
      password: 'rapunz3l'
    }
  },
  // `cancelToken` 指定用于取消请求的 cancel token
  cancelToken: new CancelToken(function (cancel) {
  })
}
```

15.6　创建实例

可以使用自定义配置新建一个 axios 实例，之后使用该实例向服务端发起请求，就不用每次请求时重复设置选项了。使用 axios.create 方法创建 axios 实例，代码如下：

```
axios.create([config])
var instance = axios.create({
  baseURL: 'https://some-domain.com/api/',
  timeout: 1000,
  headers: {'X-Custom-Header': 'foobar'}
});
```

15.7　配置默认选项

使用 axios 请求时，对于相同的配置选项，可以设置为全局的 axios 默认值。配置选项在 Vue 的 main.js 文件中设置，代码如下：

```
axios.defaults.baseURL = 'https://api.example.com';
axios.defaults.headers.common['Authorization'] = AUTH_TOKEN;
axios.defaults.headers.post['Content-Type'] = 'application/x-www-form-urlenc
oded';
```

也可以在自定义实例中配置默认值，这些配置选项只有在使用该实例发起请求时才生效。代码如下：

```
// 创建实例时设置配置的默认值
var instance = axios.create({
  baseURL: 'https://api.example.com'
});
// 在实例已创建后修改默认值
instance.defaults.headers.common['Authorization'] = AUTH_TOKEN;
```

配置会以一个优先顺序进行合并。先在 lib/defaults.js 中找到库的默认值，然后是实例的 defaults 属性，最后是请求的 config 参数。后者将优先于前者。例如：

```
// 使用由库提供的配置的默认值来创建实例
// 此时超时配置的默认值是 `0`
var instance = axios.create();
// 覆写库的超时默认值
// 在超时前，所有请求都会等待 2.5 秒
instance.defaults.timeout = 2500;
// 为已知需要花费很长时间的请求覆写超时设置
instance.get('/longRequest', {
  timeout: 5000
});
```

15.8　拦截器

拦截器在请求或响应被 then 方法或 catch 方法处理前拦截它们，对请求或响应做一些操作。

```
// 添加请求拦截器
axios.interceptors.request.use(function (config) {
    // 在发送请求之前做些什么
    return config;
  }, function (error) {
    // 对请求错误做些什么
    return Promise.reject(error);
  });
// 添加响应拦截器
axios.interceptors.response.use(function (response) {
    // 对响应数据做点什么
    return response;
  }, function (error) {
    // 对响应错误做点什么
    return Promise.reject(error);
  });
```

如果想在稍后移除拦截器，可以执行下面代码：

```
var myInterceptor = axios.interceptors.request.use(function () {/*...*/});
axios.interceptors.request.eject(myInterceptor);
```

可以为自定义 axios 实例添加拦截器：

```
var instance = axios.create();
instance.interceptors.request.use(function () {/*...*/});
```

15.9 项目实训——显示近 7 日的天气情况

下面使用 axios 库请求天气预报的接口，在页面中显示近 7 日的天气情况。具体代码如下：

```
<template>
  <div class="hello">
    <h2>{{city}}</h2>
    <h4>今天：{{date}} {{week}}</h4>
    <h4>{{message}}</h4>
    <ul>
      <li v-for="item in obj">
        <div>
          <h3>{{item.date}}</h3>
          <h3>{{item.week}}</h3>
          <img :src="get(item.wea_img)" alt="">
          <h3>{{item.wea}}</h3>
        </div>
      </li>
    </ul>
  </div>
</template>
<script>
export default {
  name: 'HelloWorld',
  data(){
    return{
      city:"",
      obj:[],
      date:"",
      week:"",
      message:""
    }
  },
  methods:{
    get(sky){     //定义 get 方法，拼接图片的路径
      return "durian/"+sky+".png"
    }
  },
  created() {
    this.get();   //页面开始加载时调用 get 方法
    var that=this;
```

```
      this.$axios.get("/api")
        .then(function(response){
          //处理数据
          that.city=response.data.city;
          that.obj=response.data.data;
          that.date=response.data.data[0].date;
          that.week=response.data.data[0].week;
          that.message=response.data.data[0].air_tips;
        })
        .catch(function(error){
          console.log(error)
        })
    }
}
</script>
<style scoped>
  h2,h4{
    text-align: center;
  }
  li{
    float: left;
    list-style: none;
    width: 200px;
    text-align: center;
    border: 1px solid red;
  }
</style>
```

在谷歌浏览器中运行 axiosdemo 项目，页面效果如图 15-6 所示。

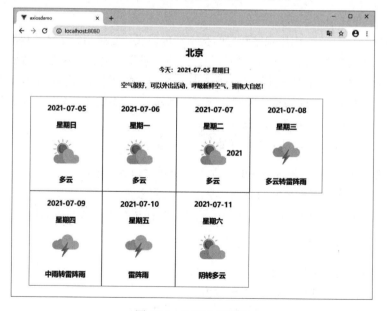

图 15-6   7 日天气情况

第 16 章

使用 Vuex 管理组件状态

在前面组件章节中介绍了父子组件之间的通信方法。在实际开发项目中，经常会遇到多个组件需要访问同一数据的情况，且都需要根据数据的变化做出响应，而这些组件之间可能并不是父子组件这种简单的关系。这种情况下，就需要一个全局的状态管理方案。Vuex 是一个数据管理的插件，是实现组件全局状态（数据）管理的一种机制，可以方便地实现组件之间数据的共享。

16.1　什么是 Vuex

Vuex 是一个专为 Vue.js 应用程序开发的状态管理模式。它采用集中式存储管理应用的所有组件的数据，并以相应的规则保证数据以一种可预测的方式发生变化。Vuex 也集成到 Vue 的官方调试工具 devtools 中，提供了诸如零配置的 time-travel 调试、状态快照导入导出等高级调试功能。

Vuex 是一个专为 Vue.js 应用程序开发的状态管理模式。状态管理模式其实就是数据管理模式，它集中式存储、管理项目所有组件的数据。

使用 Vuex 统一管理数据有以下 3 个好处：

（1）能够在 Vuex 中集中管理共享的数据，易于开发和后期维护。

（2）能够高效地实现组件之间的数据共享，提高开发效率。

（3）存储在 Vuex 中的数据是响应式的，能够实时保持数据与页面的同步。

这个状态自管理应用包含以下 3 个部分：

（1）state：驱动应用的数据源。

（2）view：以声明方式将 state 映射到视图。

（3）actions：响应在 view 上的用户输入导致的状态变化。

如图 16-1 所示，这是一个表示"单向数据流"理念的简单示意。

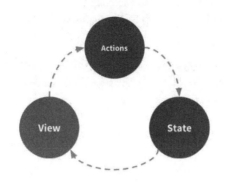

图 16-1　单向数据流

但是，当应用遇到多个组件共享状态时，单向数据流的简洁性很容易被破坏，会出现以下两个问题：

（1）多个视图依赖于同一状态。

（2）来自不同视图的行为需要变更同一状态。

问题一，传参的方法对于多层嵌套的组件将会非常烦琐，并且对于兄弟组件间的状态传递无能为力。

问题二，经常会采用父子组件直接引用或者通过事件来变更和同步状态的多份拷贝。

以上的这些模式非常脆弱，通常会导致无法维护的代码。因此，我们为什么不把组件的共享状态抽取出来，以一个全局单例模式管理呢？在这种模式下，组件树构成了一个巨大的"视图"，不管在树的哪个位置，任何组件都能获取状态或者触发行为。

通过定义和隔离状态管理中的各种概念，并通过强制规则维持视图和状态间的独立性，代码将会变得更结构化且易于维护。

这就是 Vuex 产生的背景，它借鉴了 Flux、Redux 和 The Elm Architecture。与其他模式不同的是，Vuex 是专门为 Vue.js 设计的状态管理库，以利用 Vue.js 的细粒度数据响应机制来进行高效的状态更新。

16.2　安装 Vuex

Vuex 使用 CDN 方式安装：

```
<!-- 引入最新版本-->
<script src="https://unpkg.com/vuex@next"></script>
<!-- 引入指定版本-->
<script src="https://unpkg.com/vuex@4.0.0-rc.1"></script>
```

在使用 Vue 脚手架开发项目时，可以使用 npm 或 yarn 进行安装 Vuex，执行以下命令安装：

```
npm install vuex@next --save
yarn add vuex@next --save
```

安装完成之后，还需要在 main.js 文件中导入 createStore，并调用该方法创建一个 store 实例，然后使用 use()来安装 Vuex 插件。代码如下：

```
import {createApp} from 'vue'
//引入 Vuex
import {createStore} from 'vuex'
//创建新的 store 实例
const store = createStore({
  state(){
    return{
      count:1
    }
  }
})
const app = createApp({})
//安装 Vuex 插件
app.use(store)
```

16.3 在项目中使用 Vuex

下面来看一下，在脚手架搭建的项目中如何使用 Vuex 的对象。

16.3.1 搭建一个项目

下面使用脚手架来搭建一个项目 myvuex，具体操作步骤如下：

步骤01 使用 vue create sassdemo 命令创建项目时，选择手动配置模块，如图 16-2 所示。

步骤02 按回车键，进入模块配置界面，然后通过空格键选择要配置的模块，这里选择"Vuex"来配置预处理器，如图 16-3 所示。

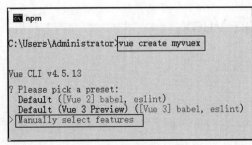

图 16-2 手动配置模块

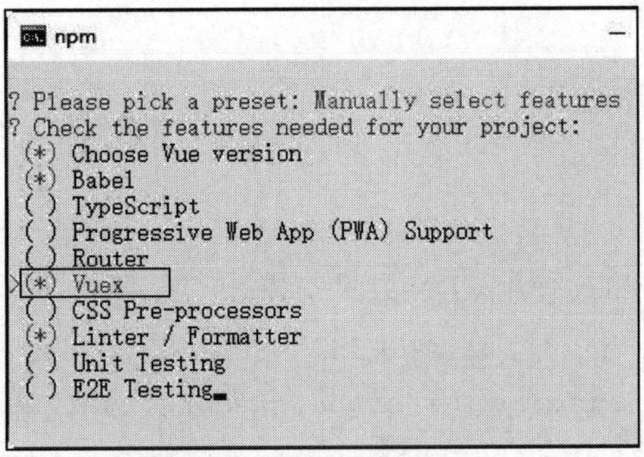

图 16-3 模块配置界面

步骤03 按回车键，进入选择版本界面，这里选择 3.x 选项，如图 16-4 所示。

步骤04 按回车键，进入代码格式和校验选项界面，这里选择默认的第一项，表示仅用于错误预防，如图 16-5 所示。

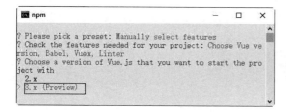

图 16-4 选择 3.x 选项　　　　　　　　图 16-5 代码格式和校验选项界面

步骤 **05** 按回车键，进入何时检查代码界面，这里选择默认的第一项，表示保存时检测，如图 16-6 所示。

步骤 **06** 按回车键，接下来设置如何保存配置信息，第一项表示在专门的配置文件中保存配置信息，第二项表示在 package.json 文件中保存配置信息，这里选择第一项，如图 16-7 所示。

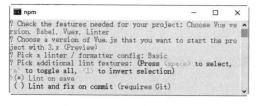

图 16-6 何时检查代码界面　　　　　　图 16-7 设置如何保存配置信息

步骤 **07** 按回车键，接下来设置是否保存本次设置，如果选择保存本次设置，以后再使用 vue create 命令创建项目时，就会出现保存过的配置供用户选择。这里输入 "y"，表示保存本次设置，如图 16-8 所示。

步骤 **08** 按回车键，接下来为本次配置取个名字，这里输入 "mysets"，如图 16-9 所示。

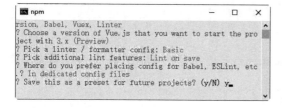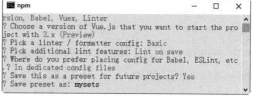

图 16-8 保存本次设置　　　　　　　　图 16-9 设置本次设置的名字

步骤 **09** 按下回车键，项目创建完成后，结果如图 16-10 所示。

项目创建完成后，目录列表中会出现一个 store 的文件夹，文件夹中有一个 index.js 文件，如图 16-11 所示。

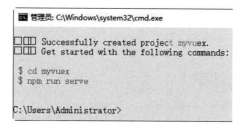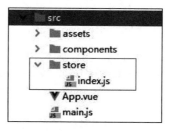

图 16-10 项目创建完成　　　　　　　图 16-11 src 目录结构

index.js 文件的代码如下：

```
import { createStore } from 'vuex'

export default createStore({
  state: {
  },
  mutations: {
  },
  actions: {
  },
  modules: {
  }
})
```

16.3.2 state 对象

在上面 myvuex 项目中，可以把共用的数据提取出来，放到状态管理的 state 对象中。创建项目时已经配置了 Vuex，所以直接在 store 文件夹下的 index.js 文件中编写即可，代码如下：

```
import { createStore } from 'vuex'
export default createStore({
  state: {
     name:"洗衣机",
     price:8600
  },
  mutations: {},
  actions: {},
  modules: {}
})
```

在 HelloWorld.vue 组件中，通过 this.$store.state.xxx 语句可以获取 state 对象的数据。修改 HelloWorld.vue 的代码如下：

```
<template>
  <div>
    <h1>商品名称：{{ name }}</h1>
    <h1>商品价格：{{ price }}</h1>
  </div>
</template>
<script>
export default {
  name: 'HelloWorld',
  computed: {
      name(){
          return this.$store.state.name
        },
      price(){
          return this.$store.state.price
        },
    }
```

```
    }
</script>
```

使用 cd mydemo 命令进入到项目，然后使用脚手架提供的 npm run serve 命令启动项目，项目启动成功后，会提供本地的测试域名，只需要在浏览器中输入 http://localhost:8080/，即可打开项目，如图 16-12 所示。

图 16-12　访问 state 对象

16.3.3　getter 对象

有时候组件中获取到 store 中的 state 数据后，需要对其进行加工后才能使用，computed 属性中就需要用到写操作函数。如果有多个组件中都需要进行这个操作，那么在各个组件中都要写相同的函数，那样就非常烦琐。

这时可以把这个相同的操作写到 store 中的 getters 对象中。每个组件只要引用 getter 就可以了，非常方便。getter 就是把组件中共有的、对 state 的操作进行提取，它就相当于是 state 的计算属性。getter 的返回值会根据它的依赖被缓存起来，且只有当它的依赖值发生了改变才会被重新计算。

提示：getter 接受 state 作为其第一个参数。

getters 可以用于监听 state 中的值的变化，返回计算后的结果，这里修改 index.js 和 HelloWorld.vue文件。

修改 index.js 文件的代码如下：

```
import { createStore } from 'vuex'

export default createStore({
  state: {
    name:"洗衣机",
    price:8600
  },
  getters: {
    getterPrice(state){
      return state.price+=300
    }
  },
  mutations: {
```

```
  },
  actions: {
  },
  modules: {
  }
})
```

修改 HelloWorld.vue 的代码如下：

```
<template>
  <div>
    <h1>商品名称：{{ name }}</h1>
    <h1>商品涨价后的价格：{{ getPrice }}</h1>
  </div>
</template>
<script>
export default {
  name: 'HelloWorld',
  computed: {
      name(){
          return this.$store.state.name
       },
      price(){
          return this.$store.state.price
       },
      getPrice(){
          return this.$store.getters.getterPrice
      }
    }
  }
}
</script>
```

重新运行项目，价格增加了 300，效果如图 16-13 所示。

图 16-13 getter 对象

和 state 对象一样，getters 对象也有一个辅助函数 mapGetters，它可以将 store 中的 getter 映射到局部计算属性中。首先引入辅助函数 mapGetters：

```
import { mapGetters } from 'vuex'
```

例如上面代码可以简化为：

```
...mapGetters([
    'varyFrames'
])
```

如果想将一个 getter 属性另取一个名字，使用对象形式：

```
...mapGetters({
    varyFramesOne:'varyFrames'
})
```

注意：要把循环的名字换成新取的名字 varyFramesOne。

16.3.4　mutation 对象

修改 Vuex 的 store 中的数据，唯一方法就是提交 mutation。Vuex 中的 mutation 类似于事件。每个 mutation 都有一个字符串的事件类型（type）和一个回调函数（handler）。这个回调函数就是实际进行数据修改的地方，并且它会接受 state 作为第一个参数。

下面在项目中添加 2 个<button>按钮，修改的数据将会渲染到组件中。

修改 index.js 文件的代码如下：

```
import { createStore } from 'vuex'

export default createStore({
  state: {
      name:"洗衣机",
      price:8600
  },
  getters: {
      getterPrice(state){
        return state.price+=300
      }
  },
  mutations: {
      addPrice(state,obj){
          return state.price+=obj.num;
      },
      subPrice(state,obj){
          return state.price -=obj.num;
      }
  },
  actions: {
  },
  modules: {
  }
})
```

修改 HelloWorld.vue 的代码如下：

```
<template>
  <div>
```

```
    <h1>商品名称：{{ name }}</h1>
    <h1>商品的最新价格：{{ price }}</h1>
    <button @click="handlerAdd()">涨价</button>
    <button @click="handlerSub()">降价</button>
  </div>
</template>
<script>
export default {
  name: 'HelloWorld',
  computed: {
      name(){
          return this.$store.state.name
       },
      price(){
          return this.$store.state.price
       },
      getPrice(){
          return this.$store.getters.getterPrice
       }
   },
  methods: {
      handlerAdd(){
          this.$store.commit("addPrice",{
            num:100
          })
      },
      handlerSub(){
          this.$store.commit("subPrice",{
            num:100
          })
      },
    },
  }
</script>
```

重新运行项目，单击"涨价"按钮，商品价格增加 100 元；单击"降价"按钮，商品价格减少 100 元。效果如图 16-14 所示。

图 16-14　mutation 对象

16.3.5　action 对象

action 类似于 mutation，不同在于：

（1）action 提交的是 mutation，而不是直接变更数据状态。

（2）action 可以包含任意异步操作。

在 Vuex 中提交 mutation 是修改状态的唯一方法，并且这个过程是同步的，异步逻辑都应该封装到 aaction 对象中。

action 函数接受一个与 store 实例具有相同方法和属性的 context 对象，因此可以调用 context.commit 提交一个 mutation，或者通过 context.state 和 context.getters 来获取 state 和 getters 中的数据。

继续修改上面项目，使用 action 对象执行异步操作，单击"异步降价(3 秒后执行)"按钮，异步操作将在 3 秒后执行。

修改 index.js 文件的代码如下：

```
import { createStore } from 'vuex'
export default createStore({
  state: {
      name:"洗衣机",
      price:8600
  },
  getters: {
      getterPrice(state){
        return state.price+=300
      }
  },
  mutations: {
      addPrice(state,obj){
          return state.price+=obj.num;
      },
      subPrice(state,obj){
          return state.price-=obj.num;
      }
  },
  actions: {
      addPriceasy(context){
          setTimeout(()=>{
              context.commit("addPrice",{
              num:100
            })
          },3000)
      },
      subPriceasy(context){
          setTimeout(()=>{
              context.commit("subPrice",{
              num:100
            })
```

```
      },3000)
    }
  },
  modules: {
  }
})
```

修改 HelloWorld.vue 的代码如下：

```
<template>
  <div>
    <h1>商品名称：{{ name }}</h1>
    <h1>商品的最新价格：{{ price }}</h1>
    <button @click="handlerAdd()">涨价</button>
    <button @click="handlerSub()">降价</button>
    <button @click="handlerAddasy()">异步涨价(3秒后执行)</button>
    <button @click="handlerSubasy()">异步降价(3秒后执行)</button>
  </div>
</template>
<script>
export default {
  name: 'HelloWorld',
  computed: {
      name(){
          return this.$store.state.name
        },
      price(){
          return this.$store.state.price
        },
      getPrice(){
          return this.$store.getters.getterPrice
        }
    },
  methods: {
      handlerAdd(){
          this.$store.commit("addPrice",{
            num:100
          })
        },
      handlerSub(){
          this.$store.commit("subPrice",{
            num:100
          })
        },
      handlerAddasy(){
          this.$store.dispatch("addPriceasy")
        },
      handlerSubasy(){
          this.$store.dispatch("subPriceasy")
        },
    },
```

```
    }
</script>
```

重新运行项目，页面效果如图 16-15 所示。单击"异步降价(3 秒后执行)"按钮，可以发现页面会延迟 3 秒后减少 100 元。

图 16-15　action 对象

第17章

开发网上商城项目

本章将开发网上购物商城系统。该商城的主要功能包括用户注册和登录功能、网站介绍功能、商品介绍功能、商品交易功能等。本商城主要售卖的商品为电器，用户可以根据商品的介绍选择适合自己的商品，进行下单购买和支付操作。通过本章的学习，读者可以进一步积累项目开发经验。

17.1　系统功能模块

在开发网上购物系统网站之前，需要分析该系统需要有哪些功能。通过不同的功能，划分不同的模块来开发是比较高效的方法。网上购物系统的功能模块图如图 17-1 所示。

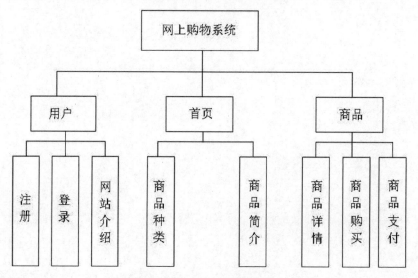

图 17-1　网上购物系统功能模块图

17.2　系统结构分析

该网上购物商城的系统结构可以从项目目录及相关文件结构中大体看出来，如图 17-2 所示。

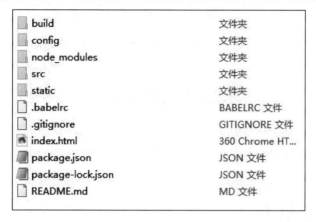

图 17-2　系统结构

针对系统结构中的配置解释如下：

（1）build 文件：是 webpack 的打包编译配置文件。

（2）config 文件夹：存放的是一些配置项，比如服务器访问的端口配置等。

（3）node_modules：是安装 Node 后用来存放包管理工具下载安装的包的文件夹。比如 webpack、gulp、grunt 这些工具。

（4）package.json：项目配置文件。

（5）src：为项目主目录。

（6）static：为 Vue 项目的静态资源。

（7）index.html：整个项目的入口文件，将会引用根组件。

17.3　系统运行效果

打开"DOS 系统"窗口，使用 cd 命令进入购物商城的系统文件夹 shopping，然后执行命令 npm run serve，如图 17-3 所示。

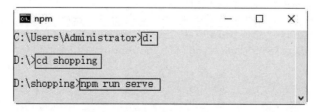

图 17-3　执行命令 npm run serve

接着会跳转出如图 17-4 所示的页面。

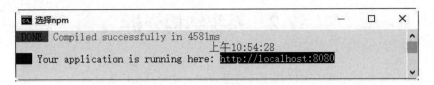

图 17-4 系统成功运行

把网址复制到浏览器中打开，就能访问到本章开发的网上购物系统。

17.4 系统功能模块设计与实现

根据系统需求，本节将对系统中的各个模块进行详细说明，具体包括模块的构成和模块中的代码分析。

17.4.1 首页头部组件

在系统头部组件的左上角的"小房子"是返回首页的按钮，右上角是新用户注册和用户登录入口，以及"关于"网站的介绍，如图 17-5 所示。

图 17-5 首页头部组件

网上购物系统中登录功能、注册功能和"关于"页面所对应的文件都在 App.vue 文件中设置，核心代码如下：

```
<template>
 <div>
  <div class="app-head">
   <div class="app-head-inner">
    <router-link :to="{name: 'index'}" class="head-logo">
     <img src="./assets/logo.png">
    </router-link>
    <div class="head-nav">
     <ul class="nav-list">
      <li @click="showDialog('isShowLogin')">登录</li>
      <li class="nav-pile">|</li>
      <li @click="showDialog('isShowReg')">注册</li>
      <li class="nav-pile">|</li>
      <li @click="showDialog('isShowAbout')">关于</li>
     </ul>
    </div>
   </div>
  </div>
  <div class="container">
   <keep-alive>
```

```
      <router-view></router-view>
    </keep-alive>
  </div>
  <div class="app-foot">
    <p>© 2022 风云网上购物商城</p>
  </div>
  <this-dialog :is-show="isShowAbout" @on-close="hideDialog('isShowAbout')
">
      <p>本平台主要销售电器类商品的销售。如果遇到问题，请联系平台开发者的微信 codehome6，从
而获取技术支持。</p>
  </this-dialog>
  <this-dialog :is-show="isShowLogin" @on-close="hideDialog('isShowLogin')
">
      <login-form @on-success="" @on-error=""></login-form>
  </this-dialog>
  </div>
</template>
<script>
import ThisDialog from '@/components/base/dialog'
import LoginForm from '@/components/logForm'
export default {
  name: 'app',
  components: {
    ThisDialog,
    LoginForm
  },
  data: function () {
    return {
      isShowAbout: false,
      isShowLogin: false,
      isShowReg: false
    }
  },
  methods: {
    showDialog (param) {
      this[param] = true
    },
    hideDialog (param) {
      this[param] = false
    }
  }
}
</script>
```

17.4.2　首页信息模块

系统首页的左侧是商品分类列表，包括全部产品和热销产品，右侧显示商品的名称、图片、介
绍和"立即购买"按钮，如图 17-6 所示。

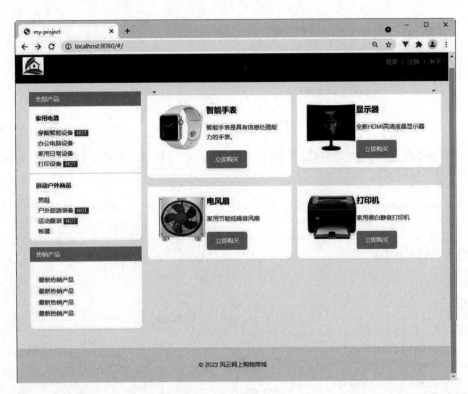

图 17-6　系统首页

首页信息介绍的文件为 mock.js，核心代码如下所示：

```
import Mock from 'mockjs'
Mock.mock(/getNewsList/, {
    'list|4': [{
        'url': '#',
        'title': '最新热销产品'
    }]
})
Mock.mock(/getPrice/, {
    'number|1-100': 100
})
Mock.mock(/createOrder/, 'number|1-100')
Mock.mock(/getBoardList/, [
    {
        title: '智能手表',
        description: '智能手表是具有信息处理能力的手表。',
        id: 'car',
        toKey: 'count',
        saleout: '@boolean'
    },
    {
        title: '显示器',
        description: '全新 HDMI 高清液晶显示器',
        id: 'earth',
        toKey: 'analysis',
        saleout: '@boolean'
    },
```

```
        {
          title: '电风扇',
          description: '家用节能低噪音风扇',
          id: 'loud',
          toKey: 'forecast',
          saleout: '@boolean'
        },
        {
          title: '打印机',
          description: '家用黑白静音打印机',
          id: 'hill',
          toKey: 'publish',
          saleout: '@boolean'
        }
])
Mock.mock(/getProductList/, {
    pc: {
        title: '家用电器',
        list: [
          {
            name: '穿戴智能设备',
            url: '#',
            hot: '@boolean'
          },
          {
            name: '办公电脑设备',
            url: '#',
            hot: '@boolean'
          },
          {
            name: '家用日常设备',
            url: '#',
            hot: '@boolean'
          },
          {
            name: '打印设备',
            url: '#',
            hot: '@boolean'
          }
        ]
    },
    app: {
      title: '运动户外商品',
      last: true,
      list: [
        {
          name: '男鞋',
          url: '#',
          hot: '@boolean'
        },
        {
          name: '户外旅游装备',
          url: '#',
          hot: '@boolean'
        },
```

```
        {
          name: '运动服装',
          url: '#',
          hot: '@boolean'
        },
        {
          name: '帐篷',
          url: '#',
          hot: '@boolean'
        }
      ]
    }
})
Mock.mock(/getTableData/, {
    "total": 25,
    "list|25": [
      {
        "orderId": "@id",
        "product": "@ctitle(4)",
        "version": "@ctitle(3)",
        "period": "@integer(1,5)年",
        "buyNum": "@integer(1,8)",
        "date": "@date()",
        "amount": "@integer(10, 500)元"
      }
    ]
})
```

17.4.3 用户注册与登录模块

当用户使用网上购物平台时，首先要做的就是注册和登录，拥有账号之后才能进行购买。如图 17-7 所示，用户需要输入已经注册的用户名和密码后单击登录。输入错误则提示重新输入。

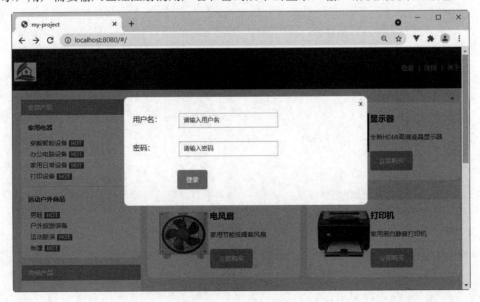

图 17-7 用户登录界面

登录系统时所用到的代码如下所示：

```
<template>
  <div class="login-form">
    <div class="g-form">
      <div class="g-form-line" v-for="formLine in formData">
        <span class="g-form-label">{{ formLine.label }}: </span>
        <div class="g-form-input">
          <input type="text" v-model="formLine.model" placeholder="请输入用户名">
        </div>
      </div>
      <div class="g-form-line">
        <div class="g-form-btn">
          <a class="button" @click="onLogin">登录</a>
        </div>
      </div>
    </div>
  </div>
</template>
<script>
  export default {
    props: {
      'isShow': 'boolean'
    },
    data () {
      return {
      }
    },
    computed: {
      userErrors () {
        let status, errorText
        if (!/@/g.test(this.usernameModel)) {
          status = false
          errorText = '必须包含@'
        }
        else {
          status = true
          errorText = ''
        }
        return {
          status,
          errorText
        }
      },
      passwordErrors () {
        let status, errorText
        if (!/@/g.test(this.usernameModel)) {
          status = false
          errorText = '必须包含@'
        }
        else {
          status = true
          errorText = ''
        }
        return {
```

```
            status,
            errorText
        }
      }
    },
    methods: {
      closeMyself () {
        this.$emit('on-close')
      }
    }
  }
</script>
```

17.4.4　商品模块

在首页上，可以看到有四个商品的介绍，它们对应的代码包如图 17-8 所示。下面选择其中一个显示器商品的 analysis.vue 模块进行讲解。

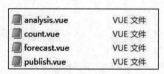

图 17-8　商品模块代码文件图

在首页单击"进行购买"按钮后，进入到具体商品的购买界面（本节针对显示器商品模块进行介绍），针对商品中的分类、价格、说明、视频讲解等多方面进行介绍。当用户选择好需要购买的商品时，可以针对自己的需求设置相应的购买数量、产品颜色、售后时间、产品尺寸进行购买，如图 17-9 所示。

图 17-9　商品购买界面

显示器商品模块文件 analysis.vue 的核心代码如下：

```
<template>
  <div class="sales-board">
      <div class="sales-board-intro">
        <h2>显示器</h2>
        <p>全新 HDMI 高清液晶显示器。</p>
      </div>
      <div class="sales-board-form">
          <div class="sales-board-line">
              <div class="sales-board-line-left">
                  购买数量：
              </div>
              <div class="sales-board-line-right">
                <v-counter @on-change="onParamChange('buyNum', $event)"></v-counter>
              </div>
          </div>
          <div class="sales-board-line">
              <div class="sales-board-line-left">
                  产品颜色：
              </div>
              <div class="sales-board-line-right">
                  <v-selection :selections="buyTypes" @on-change="onParamChange('buyType', $event)"></v-selection>
              </div>
          </div>
          <div class="sales-board-line">
              <div class="sales-board-line-left">
                  售后时间：
              </div>
              <div class="sales-board-line-right">
                  <v-chooser
                  :selections="periodList"
                  @on-change="onParamChange('period', $event)"></v-chooser>
              </div>
          </div>
          <div class="sales-board-line">
              <div class="sales-board-line-left">
                  产品尺寸：
              </div>
              <div class="sales-board-line-right">
                  <v-mul-chooser
                  :selections="versionList"
                  @on-change="onParamChange('versions', $event)"></v-mul-chooser>
              </div>
          </div>
          <div class="sales-board-line">
              <div class="sales-board-line-left">
                  总价：
```

```
            </div>
            <div class="sales-board-line-right">
                {{ price*10 }} 元
            </div>
        </div>
        <div class="sales-board-line">
            <div class="sales-board-line-left"> </div>
            <div class="sales-board-line-right">
                <div class="button" @click="showPayDialog">
                    立即购买
                </div>
            </div>
        </div>
    </div>
    <div class="sales-board-des">
        <h2>商品说明</h2>
        <p>颜色艳丽、外观大方、尺寸刚刚好，色彩精准，修图很好用。</p>
        <h3>视频讲解</h3>
        <ul>
            <li>需要视频请联系微信 codehome6</li>
        </ul>
    </div>
    <my-dialog :is-show="isShowPayDialog" @on-close="hidePayDialog">
        <table class="buy-dialog-table">
            <tr>
                <th>购买数量</th>
                <th>产品类型</th>
                <th>售后时间</th>
                <th>产品版本</th>
                <th>总价</th>
            </tr>
            <tr>
                <td>{{ buyNum }}</td>
                <td>{{ buyType.label }}</td>
                <td>{{ period.label }}</td>
                <td>
                    <span v-for="item in versions">{{ item.label }}</span>
                </td>
                <td>{{ price*10 }}</td>
            </tr>
        </table>
        <h3 class="buy-dialog-title">请选择银行</h3>
        <bank-chooser @on-change="onChangeBanks"></bank-chooser>
        <div class="button buy-dialog-btn" @click="confirmBuy">
            确认购买
        </div>
    </my-dialog>
    <my-dialog :is-show="isShowErrDialog" @on-close="hideErrDialog">
        支付失败！
    </my-dialog>
```

```
        <check-order :is-show-check-dialog="isShowCheckOrder" :order-id="orderId
d" @on-close-check-dialog="hideCheckOrder"></check-order>
    </div>
  </template>
<script>
import VSelection from '../../components/base/selection'
import VCounter from '../../components/base/counter'
import VChooser from '../../components/base/chooser'
import VMulChooser from '../../components/base/multiplyChooser'
import Dialog from '../../components/base/dialog'
import BankChooser from '../../components/bankChooser'
import CheckOrder from '../../components/checkOrder'
import _ from 'lodash'
import axios from 'axios'
export default {
  components: {
    VSelection,
    VCounter,
    VChooser,
    VMulChooser,
    MyDialog: Dialog,
    BankChooser,
    CheckOrder
  },
  data () {
    return {
      buyNum: 0,
      buyType: {},
      versions: [],
      period: {},
      price: 1000,
      versionList: [
        {
          label: '19 寸',
          value: 0
        },
        {
          label: '21 寸',
          value: 1
        },
        {
          label: '28 寸',
          value: 2
        }
      ],
      periodList: [
        {
          label: '半年',
          value: 0
        },
```

```
        {
          label: '一年',
          value: 1
        },
        {
          label: '三年',
          value: 2
        }
      ],
      buyTypes: [
        {
          label: '红色',
          value: 0
        },
        {
          label: '黑色',
          value: 1
        },
        {
          label: '灰色',
          value: 2
        }
      ],
      isShowPayDialog: false,
      bankId: null,
      orderId: null,
      isShowCheckOrder: false,
      isShowErrDialog: false
    }
  },
  methods: {
    onParamChange (attr, val) {
      this[attr] = val
      this.getPrice()
    },
    getPrice () {
      let buyVersionsArray = _.map(this.versions, (item) => {
        return item.value
      })
      let reqParams = {
        buyNumber: this.buyNum,
        buyType: this.buyType.value,
        period: this.period.value,
        version: buyVersionsArray.join(',')
      }
      axios.post('/api/getPrice', reqParams)
      .then((res) => {
        this.price = res.data.number
      })
    },
```

```
    showPayDialog () {
      this.isShowPayDialog = true
    },
    hidePayDialog () {
      this.isShowPayDialog = false
    },
    hideErrDialog () {
      this.isShowErrDialog = false
    },
    hideCheckOrder () {
      this.isShowCheckOrder = false
    },
    onChangeBanks (bankObj) {
      this.bankId = bankObj.id
    },
    confirmBuy () {
      let buyVersionsArray = _.map(this.versions, (item) => {
        return item.value
      })
      let reqParams = {
        buyNumber: this.buyNum,
        buyType: this.buyType.value,
        period: this.period.value,
        version: buyVersionsArray.join(','),
        bankId: this.bankId
      }
      axios.post('/api/createOrder', reqParams)
      .then((res) => {
        this.orderId = res.data.orderId
        this.isShowCheckOrder = true
        this.isShowPayDialog = false
      })
      .catch((err) => {
        this.isShowBuyDialog = false
        this.isShowErrDialog = true
      })
    }
  },
  mounted () {
    this.buyNum = 1
    this.buyType = this.buyTypes[0]
    this.versions = [this.versionList[0]]
    this.period = this.periodList[0]
    this.getPrice()
  }
}
</script>
```

17.4.5 购买模块

当用户选择好所要购买的商品，在图 17-9 所示的界面上单击"立即购买"按钮之后，会出现如图 17-10 所示的窗口，提示用户选择银行并确认购买。

图 17-10 购买付款图

关于购买模块银行卡支付的代码如下所示：

```
<template>
  <div class="chooser-component">
  <ul class="chooser-list">
   <li v-for="(item, index) in banks" @click="chooseSelection(index)"
     :title="item.label"
     :class="[item.name, {active: index === nowIndex}]">
   </li>
  </ul>
  </div>
</template>
<script>
  export default {
   data () {
    return {
     nowIndex: 0,
     banks: [{
       id: 201,
       label: '招商银行',
       name: 'zhaoshang'
     },
     {
       id: 301,
       label: '中国建设银行',
       name: 'jianshe'
     },
```

```
          {
            id: 101,
            label: '中国工商银行',
            name: 'gongshang'
          },
          {
            id: 401,
            label: '中国农业银行',
            name: 'nongye'
          },
          {
            id: 1201,
            label: '中国银行',
            name: 'zhongguo'
          },]
        }
      },
      methods: {
        chooseSelection (index) {
          this.nowIndex = index
          this.$emit('on-change', this.banks[index])
        }
      }
    }
</script>
```

17.4.6　支付模块

用户可以选择多种银行卡的支付方法，单击"确认购买"按钮之后会出现如图 17-11 所示的窗口，让用户查看自己是否支付成功。

图 17-11　支付状态图

下面代码实现用户是否支付成功的结果显示界面：

```
<template>
    <div>
```

```
      <this-dialog :is-show="isShowCheckDialog" @on-close="checkStatus">
        请检查你的支付状态！
        <div class="button" @click="checkStatus">
        支付成功
        </div>
        <div class="button" @click="checkStatus">
         支付失败
        </div>
      </this-dialog>
      <this-dialog :is-show="isShowSuccessDialog" @on-close="toOrderList">
        购买成功！
      </this-dialog>
      <this-dialog :is-show="isShowFailDialog" @on-close="toOrderList">
        购买失败！
      </this-dialog>
    </div>
</template>
<script>
   import Dialog from './base/dialog'
   import axios from 'axios'
   export default {
     components: {
       thisDialog: Dialog
     },
     props: {
       isShowCheckDialog: {
         type: Boolean,
         default: false
       },
       orderId: {
         type: [String, Number]}
     },
     data () {
       return {
         isShowSuccessDialog: false,
         isShowFailDialog: false
       }
     },
     methods: {
       checkStatus () {
         axios.post('/api/checkOrder', {
           orderId: this.orderId
         })
         .then((res) => {
           this.isShowSuccessDialog = true
         this.$emit('on-close-check-dialog')
       })
         .catch((err) => {
           this.isShowFailDialog = true
           this.$emit('on-close-check-dialog')
         })
       },
       toOrderList () {this.$router.push({path: '/orderList'})}}}
</script>
```

后记

在学习本书的过程中，由于各个读者的基础不尽相同，建议如下：

（1）在学习本书之前，建议先学习 HTML5、CSS 和 JavaScript 的基础内容，熟悉 ECMAScript 6 语法，尽量使用 ECMAScript 6 语法编写程序，为项目开发打下坚实基础。

（2）重点学习 Vue.js 中所有的内置指令，重点是第 4 章、第 6 章和第 7 章的内容。

（3）熟练掌握计算属性、监听器和事件，这些内容在开发项目中比较常用。

（4）虚拟 DOM 和 render() 可以简单了解即可，因为目前项目开发用得不多。

（5）使用 Vue Router 开发单页面应用的内容虽然不多，但是非常重要，建议读者通过反复练习加强理解、熟练掌握。

（6）使用 axios 与服务器通信非常重要，熟练掌握如何发起请求、如何设置参数、如何处理响应数据等。

（7）使用 Vuex 管理组件状态也很重要，尤其是如何在项目中使用 Vuex 的知识点。

（8）学习最后一个综合项目的时候，先把项目源码下载下来，然后使用 npm run serve 命令运行项目体验，最后根据项目需求自己尝试一步步编写代码并实现。

在学习 Vue.js 中如果遇到了困难，可以先看本书的配套视频，视频中有详细的操作。如果遇到安装脚手架等出现错误问题，可以根据提示升级版本，保证网络顺畅，从而解决一些常见的下载报错问题。配套资源中包括 Vue.js 3.x 常见错误及解决方法，方便读者查看。对于其他解决不了的问题，也可以联系作者。

学习完 Vue.js 后，如果需要完成网站的前后端开发工作，建议读者继续学习 Node 服务器端开发技术、MySQL 数据库操作以及网站前后端交互的核心技术。

本书赠送了企业级实战项目源码，读者可以下载并逐一部署和运行，从而进一步理解 Vue.js 在各个行业中是如何应用的，积累项目实战经验。

最后，祝读者朋友们顺利完成本书学习，并成长为一名合格的 Web 前端开发人员。